UNE FAMILLE PEU ORDINAIRE

DU MÊME AUTEUR

L'Évolution biologique humaine
PUF, coll. « Que sais-je ? », 1982.

Histoire de l'homme et des climats au Quaternaire
Doin, 1985.

Paléontologie des vertébrés
Dunod, 1987.

JEAN CHALINE

UNE FAMILLE PEU ORDINAIRE

DU SINGE À L'HOMME

ÉDITIONS DU SEUIL
27, rue Jacob, Paris VIe

ISBN 2-02-021022-3.

« Il serait vain de prétendre échapper à un besoin fondamental aussi puissant que celui qui porte l'homme à se retourner vers ses sources, mais l'analyse des sources est peut-être plus lucide et certainement plus pleine si l'on cherche non pas seulement à voir d'où vient l'homme, mais aussi où il est, et où il va peut-être. »

André Leroi-Gourhan
Le Geste et la Parole (Albin Michel, 1964)

Avant-propos

L'homme a pris conscience qu'il occupe une place exceptionnelle au sein du monde vivant. Il a essayé de comprendre « Pourquoi ? » et « Comment ? ». Son impossibilité à remonter la chaîne complète de ses ancêtres jusqu'à une source originelle l'a amené à combler ce vide par des récits symboliques, les mythes. Les multiples mythologies, religions et philosophies sont l'expression de ce besoin de compréhension de ses origines, de cette recherche d'une finalité. Elles proposent, sous des aspects très variés, une explication à la présence de l'homme sur Terre. Mais l'homme cherche également à comprendre, par la raison, les faits observés dans la dimension temporelle, celle de ses commencements.

Jusqu'au développement de la recherche scientifique, les réponses à ce problème ne pouvaient être que philosophiques ou religieuses. En Europe occidentale, on faisait référence aux onze premiers chapitres de la Genèse biblique. La lecture de la Bible, au premier degré, a donné naissance à une conception dite « créationniste », où chaque espèce vivante est considérée comme le résultat d'une création divine, spéciale et indépendante. Elle affirme en outre que ces espèces, parfaites à l'origine, se sont maintenues inchangées depuis la Création, ce qui constitue la conception « fixiste ».

Il a fallu attendre le début du XIXe siècle pour que la science apporte une réponse au « Comment ? », en proposant la théorie du transformisme (Lamarck), puis celle de l'évolution (Darwin). Mais la science ne répond pas au « Pourquoi ? ». Ce dernier point de la recherche d'une finalité relève en effet exclusivement de la philosophie et de la religion. Il était donc inévitable que les idées scientifiques s'opposent aux conceptions créationnistes et le conflit, souvent violent, n'est pas entièrement achevé aujourd'hui.

Depuis le XIXe siècle, la science a fait de nombreuses découvertes qui ont accru nos connaissances sur l'évolution de l'homme. Les données de la paléontologie se sont multipliées, livrant des jalons fossiles de plus en plus nombreux de nos ancêtres. Elles ont été précisées par les avancées de la géologie, notamment par les datations physiques de plus en plus précises des restes humains. Elles sont enrichies par les progrès de la préhistoire et par une meilleure connaissance des paléomilieux et des paléoclimats. Mais elles ont aussi été complétées par les nouvelles approches de la biologie : celles de la biologie moléculaire et du développement, les analyses des chromosomes, les rapports entre l'organisme et le milieu (écologie), et les études du comportement (éthologie).

Cet ouvrage est un essai de synthèse. Il ne se limite pas aux données de la paléontologie, de la géologie et de la préhistoire, mais il cherche à intégrer l'ensemble des données biologiques actuelles. Et cette approche pluridisciplinaire apporte une nouvelle clé de lecture de l'évolution humaine. Cette conception, en grande partie inédite, permet de reconsidérer les faits scientifiques existants sous un aspect entièrement neuf. Ces interprétations éclairent l'histoire de cette famille peu ordinaire à laquelle nous appartenons. Elles permettent maintenant de comprendre un certain nombre de phénomènes évolutifs qui paraissaient mystérieux et ne pouvaient être expliqués par la théorie synthétique de l'évolution des années quarante, encore beaucoup trop incomplète.

Les interrogations sont nombreuses. Ce livre tente d'y répondre ou de faire le point sur l'avancement des recherches analysées dans un esprit critique, en faisant la part des faits et des hypothèses actuelles, remettant en question bien des idées reçues*.

* Mes réflexions sur l'évolution de l'homme ont été exprimées de façons complémentaires dans la rédaction de quatre livres. Le premier en 1972, *Le Quaternaire*, l'histoire humaine dans son environnement (Doin) donnait la priorité aux changements géologiques et climatiques de l'environnement. Il a été réédité en 1985 sous le titre *Histoire de l'homme et des climats au Quaternaire*. Le deuxième, publié aux Presses Universitaires de France en 1982 dans la série des « Que sais-je ? » sous le titre de *L'Évolution biologique humaine*, est un condensé accordant une place majeure aux données paléontologiques.

Le troisième, écrit avec Charles Devillers aux éditions Dunod, intitulé *La*

Ce livre a été rédigé pour un public aussi large que possible. Cet exercice de style est toujours pour un scientifique une épreuve redoutable, beaucoup plus difficile que de rédiger un article pour une revue internationale. Mais c'est aussi un plaisir, et un devoir, d'exposer aux citoyens qui les rendent possibles les résultats des recherches.

Je veux remercier plus particulièrement tous ceux qui ont bien voulu accepter la tâche très ingrate de relire le manuscrit. Grâce à leurs remarques pertinentes et à leurs suggestions, l'ouvrage a été amélioré. Parmi eux, je citerai Mmes Jehanne Affolter et Anne Dambricourt-Malassé, MM. Patrick Brunet-Lecomte, Jean-Louis Dommergues, Alain Durand, Pierre Dusserre, Christian Forster et Didier Marchand. Je tiens à remercier également M. Christian Di Giovanni pour la réalisation du dessin humoristique, Mme Annie Bussière pour sa participation à la réalisation des dessins illustrant ce livre et M. Alain Godon pour la photo de quatrième de couverture. Enfin, il m'est très agréable d'exprimer ma profonde reconnaissance à Jean-Marc Lévy-Leblond, directeur de la collection *Science ouverte*, pour l'aide précieuse qu'il m'a apportée dans la mise au point du manuscrit.

Jean Chaline
Dijon, 15 octobre 1993

Théorie de l'évolution. État de la question à la lumière des connaissances actuelles, s'intéresse à l'évolution humaine en tant qu'exemple particulier des concepts évolutifs. Le présent livre enfin, *Une famille peu ordinaire* est un essai de vulgarisation scientifique de l'évolution de la famille des primates supérieurs. Ces quatre ouvrages sont donc complémentaires, chacun prospectant un aspect différent de cette vaste problématique à des niveaux de lecture distincts.

Première partie

HISTOIRES DE FAMILLE

1
Des parents encombrants, des témoins gênants.

« Descendre d'un singe » ! L'horreur ! Le scandale ! Nous sommes dans le dernier quart du XIXᵉ siècle, en 1871, Darwin[1*] vient de publier son ouvrage *La Descendance de l'homme et la sélection sexuelle*. En fait Darwin n'était pas le premier à affirmer une telle descendance. Bien avant lui, Lamarck[2] avait déjà envisagé cette possibilité dans sa *Philosophie zoologique*. La problématique de Lamarck était

> de rechercher s'il est vrai que les espèces ont une constance absolue, sont aussi anciennes que la nature, et ont existé originellement telles que nous les observons aujourd'hui ; ou si, assujetties aux changements de circonstances qui ont pu avoir lieu à leur égard, quoiqu'avec une extrême lenteur, elles n'ont pas changé de caractère et de forme par la suite des temps.

L'idée essentielle de Lamarck concernait « le perfectionnement graduel des corps », c'est-à-dire la continuité de la vie sur Terre et ses possibilités de transformation.

> Quantité de faits nous apprennent qu'à mesure que les individus d'une de nos espèces changent de situation, de climat, de manière d'être ou d'habitude, ils en reçoivent des influences qui changent peu à peu la consistance et les proportions de leurs parties, leur forme, leurs facultés, leur organisation même ; en sorte que tout en eux participe, avec le temps, aux mutations qu'ils ont éprouvées. Dans le même climat, des situations et des expositions très diffé-

* Les numéros dans le texte font référence à la bibliographie, en fin de l'ouvrage.

> rentes font d'abord simplement varier les individus qui s'y trouvent exposés ; mais, par la suite des temps, la continuelle différence des situations des individus dont je parle, qui vivent et se reproduisent successivement dans les mêmes circonstances, amène en eux des différences qui deviennent, en quelque sorte, essentielles à leur être ; de manière qu'à la suite de beaucoup de générations qui se sont succédé les unes aux autres, ces individus, qui appartenoient originairement à une autre espèce, se trouvent à la fin transformés en une espèce nouvelle, distincte de l'autre.

Il y avait là le fondement de la conception d'une évolution graduelle qui transforme, avec le temps, une espèce ancestrale en une nouvelle espèce sous les contraintes de l'environnement. Darwin en revendiquera la paternité, mais Lamarck en a la priorité ! Lamarck, enfin, a appliqué ses conceptions à l'origine de l'homme qu'il intègre dans sa vision transformiste :

> Si l'homme n'étoit distingué des animaux que relativement à son organisation, il seroit aisé de montrer que les caractères d'organisation, dont on se sert pour en former, avec ses variétés, une famille à part, sont tous les produits d'anciens changemens dans ses actions, et des habitudes qu'il a prises et qui sont devenues particulières aux individus de son espèce... Il n'est pas douteux, que ces quadrumanes (singes) ne fussent à la fin transformés en bimanes, et que les pouces de leurs pieds ne cessassent d'être écartés des doigts, ces pieds ne leur servant plus qu'à marcher.

La conception de Lamarck était totalement opposée à celle du « catastrophisme » de Cuvier supportant une vision créationniste du monde. Les mécanismes proposés par Lamarck sont ceux du rôle de la volonté et des habitudes des organismes, de l'usage et du non-usage des organes et, enfin, de la transmission des caractères acquis aux descendants. Cinquante ans plus tard, en 1859, Charles Darwin, dans *De l'origine des espèces*[3], présentait une théorie de la descendance avec transformation sous l'action de la sélection naturelle, une théorie désormais acceptée dans ses grandes lignes, mais qui a connu bien des vicissitudes depuis son élaboration. En 1871, Darwin récidivait en appliquant sa théorie au problème de l'origine de l'homme[1]. Sa théorie de l'évolution, qui remettait en cause l'idée, devenue dogme, des créations indépendantes des espèces par Dieu, avait déjà profondément choqué les milieux croyants, qui faisaient à l'époque une lecture littérale et fondamentaliste de la Bible[4]. C'est donc dans un climat de méfiance, pour ne pas dire d'hostilité, à l'égard des hommes de science que va s'élaborer la théorie de l'évolution. Inutile de dire que, dès que les recherches toucheront aux problèmes d'origine évoqués par la Bible mettant en cause Adam comme premier humain et les récits de la chute originelle, les conflits seront inévitables[5]. Georges Buffon avait déjà dû au siècle précédent abandonner certaines idées avancées sur ce sujet pour pouvoir être édité !

A la place de l'enseignement biblique, qui affirmait la création indépendante du premier couple humain, Darwin proposait une théorie de la descendance des espèces où la sélection naturelle exercée par l'environnement jouait un rôle clé dans les capacités de reproduction et la survivance des individus les mieux adaptés. Darwin était tout à fait conscient du choc qu'il allait produire chez ses concitoyens, et plus particulièrement chez les croyants :

> Je regrette de penser que la conclusion principale à laquelle nous conduit cet ouvrage, à savoir que l'homme descend de quelque forme d'une organisation inférieure, sera fort désagréable à beaucoup de personnes. Il n'y a cependant pas lieu de douter que nous descendons de barbares.

Et encore :

> Je n'ignore pas que beaucoup de gens repousseront comme hautement irréligieuses les conclusions auxquelles nous en arrivons dans cet ouvrage ; mais ceux qui soutiendront cette thèse sont tenus de démontrer en quoi il est plus irréligieux d'expliquer l'origine de l'homme comme espèce distincte, descendant d'une forme inférieure, en vertu des lois de la variation et de la sélection naturelle, que d'expliquer par les lois de la reproduction ordinaire la formation et la naissance de l'individu. La naissance de l'espèce, comme celle de l'individu, constitue, à titre égal, des parties de cette vaste suite de phénomènes que notre esprit se refuse à considérer comme le résultat d'un aveugle hasard.

Mais Darwin était un scientifique prudent. Il avait étayé sa thèse sur de multiples observations, en particulier sur les caractères que l'homme a en commun avec les autres espèces animales. Il avait constaté la présence d'organes en voie de disparition, n'exerçant plus de fonction réelle dans l'organisme, ce qu'il appelait les « rudiments ». De tels organes n'auraient aucune raison de se rencontrer chez un être qui aurait été créé indépendamment à l'état de perfection ! Les caractères « ataviques » ou « réversions », c'est-à-dire les caractères observés généralement chez d'autres espèces ancestrales et apparentées, mais qui peuvent réapparaître accidentellement chez l'homme, n'auraient aucune raison de persister chez des formes créées spécialement. Enfin, la conformation embryologique de l'homme très voisine de celle des singes était un autre argument de poids retenu par Darwin. Ces données indiquaient clairement une parenté avec le monde animal :

> [ce] sont des faits qu'on ne peut plus contester. Ces faits, connus depuis longtemps, ne nous ont rien enseigné, jusqu'à une époque toute récente, relativement à l'origine de l'homme. Aujourd'hui, éclairés par nos connaissances sur l'ensemble du monde organisé, nous ne pouvons plus nous méprendre sur leur signification. Le grand principe d'évolution ressort clairement de la comparaison de ces groupes de faits avec d'autres, telles que les affinités mutuelles des membres d'un même groupe, leur distribution géographique dans les temps passés et présents, et leur succession géologique. Il serait incroyable que de tous ces faits réunis sortît un enseignement faux.

Plus loin encore, examinant les relations de l'homme avec les autres animaux, il concluait de façon décisive à la descendance de l'homme à partir d'un ancêtre commun simiesque.

> Si nous considérons la conformation embryologique de l'homme – les analogies qu'il présente avec les animaux inférieurs –, les rudiments qu'il conserve, et les réversions auxquelles il est sujet, nous serons à même de reconstruire en partie, par l'imagination, l'état primitif de nos ancêtres, et de leur assigner approximativement la place qu'ils doivent occuper dans la série zoologique. Nous apprenons ainsi que l'homme descend d'un mammifère

> velu, pourvu d'une queue et d'oreilles pointues, qui probablement vivait sur les arbres, et habitait l'ancien monde. Un naturaliste qui aurait examiné la conformation de cet être l'aurait classé parmi les quadrumanes, aussi sûrement que l'ancêtre commun et encore plus ancien des singes de l'ancien et du nouveau monde. Les quadrumanes et tous les mammifères supérieurs descendent probablement d'un marsupial ancien, descendant lui-même, au travers d'une longue ligne de formes diverses, de quelque être pareil à un reptile ou à un amphibien, qui descendait à son tour d'un animal semblable à un poisson.

Darwin résumait ainsi dans un raccourci magistral, encore très actuel, la place de l'homme dans le monde animal et sa filiation avec les vertébrés.

Ces conclusions furent mal interprétées par certains, pour qui « descendre du singe » voulait dire être directement issu du chimpanzé. En fait, Darwin affirmait que l'homme avait un « ancêtre commun » avec les singes anthropoïdes, à rechercher parmi les singes fossiles plus anciens ; c'est-à-dire que l'homme ne descend pas du chimpanzé, mais partage avec lui un ancêtre commun simiesque, ce qui est très différent.

De fait, le chimpanzé apparaît comme un cousin éloigné de l'homme, car nous verrons plus loin que nous avons d'autres cousins germains, encore très simiesques, intermédiaires entre cet ancêtre commun et l'homme, bien plus proches de nous que le chimpanzé, que les spécialistes ont appelé les australopithèques. Un vrai chaînon manquant !

Quoi qu'il en soit, ces cousins simiesques, fossiles et actuels, étaient et sont encore pour beaucoup d'humains des parents fort encombrants pour une espèce qui se considère elle-même comme si exceptionnelle. Car ce sont aussi des témoins gênants de notre extraction animale, nous rappelant trop les instincts dont nous avons hérités : une tare lourde à porter pour un être qui a fait cette acquisition fabuleuse, la pensée réfléchie. Cette faculté nous sépare tellement du reste du monde animal, que l'homme s'est nommé lui-même *Homo sapiens*. Les théologiens et les philosophes ont privilégié cet aspect, y voyant une différence de nature s'accommodant parfaitement d'une création unique et exceptionnelle, faisant de nous des êtres à part.

Histoires de famille

Les naturalistes qui remettent l'homme à sa place dans le monde vivant, dans une famille animale dont ils reconstituent l'arbre généalogique, ont plutôt tendance à y voir, d'un point de vue biologique, une différence de degré, tout en reconnaissant que la pensée réfléchie fait de nous, selon la formulation de Julian Huxley, « un animal unique » dans cette famille véritablement peu ordinaire. Cette double approche de l'homme permet immédiatement de saisir les enjeux de la grande bataille des conceptions que se sont livrée les théologiens et les scientifiques et qui les oppose encore à l'occasion.

2
Les autres membres actuels de la famille.

Le chimpanzé (genre *Pan*), le gorille (genre *Gorilla*) et l'orang-outan (genre *Pongo*) sont des singes supérieurs, encore appelés singes anthropomorphes, ou anthropoïdes, en raison de leurs ressemblances avec l'homme. Ils constituent avec l'homme cette famille peu ordinaire dont nous sommes issus, appelée autrefois les pongidés, en raison du nom scientifique donné aux orangs-outans. Les données moléculaires[6], que l'on verra sous peu, permettent de préciser la classification exprimée dans la *figure 1*. L'homme et les grands singes forment la famille unique des hominidés. Elle est subdivisée en deux sous-familles, respectivement celle des homininés pour l'homme, le chimpanzé et le gorille et celle des ponginés pour l'orang-outan. Au sein de la première sous-famille des homininés, le gorille constituerait pour lui seul la tribu des Gorillini, le chimpanzé

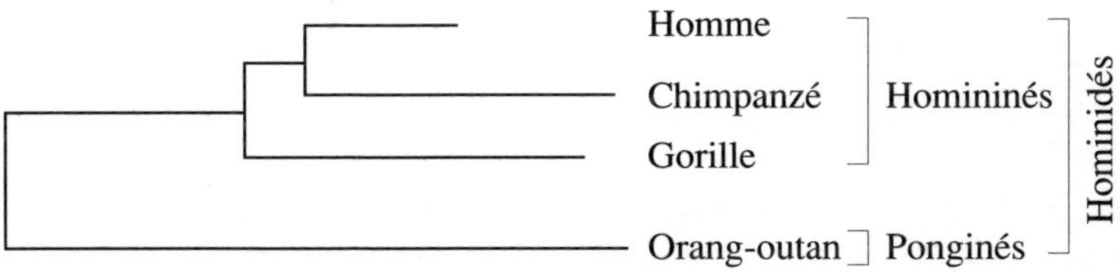

Figure 1 – Les relations de parenté entre l'homme, le chimpanzé, le gorille et l'orang-outan établies à partir des distances génétiques. La longueur des bras du diagramme est proportionnelle aux nombres de mutations dans les diverses lignées (d'après Miyamoto, Koop, Slightom et Goodman, 1988).

Figure 2 – Répartition géographique des chimpanzés communs. Les chimpanzés sont répartis entre trois sous-espèces. La sous-espèce plus occidentale, le chimpanzé noir, vit en Haute-Guinée. Les deux autres sont réparties au nord du fleuve Zaïre (ou Congo), avec à l'ouest au Congo, Gabon, Guinée équatoriale, Cameroun, la forme type du chimpanzé troglodyte. Plus à l'Est, dans le Nord du Zaïre, le Nord du Congo et le Sud de la République centrafricaine, vit le chimpanzé de Schweinfurt. Le chimpanzé pygmée, le bonobo, est le seul à avoir franchi le fleuve Congo (d'après J.-Y. Collet, 1988).

et l'homme celle des Hominini. Cette conception reflète effectivement les relations de parenté aux divers niveaux génétiques.

Les chimpanzés et les gorilles sont exclusivement africains. Les chimpanzés sont représentés par une grande espèce, le chimpanzé commun ou *troglodytes*, celui des zoos et des cirques, et une petite espèce, le chimpanzé nain ou pygmée, encore appelé le bonobo. Trois formes un peu différentes morphologiquement, trois sous-espèces de chimpanzé commun se rencontrent actuellement en trois zones isolées géographiquement[7-8] *(fig. 2)*.

En Afrique de l'Ouest, en Haute-Guinée, subsistent peut-être 10 000 individus du chimpanzé commun de la sous-espèce *verus*. Ce chimpanzé a une face très pigmentée en noir formant un masque en forme d'ailes de papillon. En Afrique équatoriale (le long de la rive droite du fleuve Congo), au Cameroun, en Basse-Guinée, au Gabon, au Congo et au Zaïre occidental, se rencontre la sous-espèce type *troglodytes*. Le groupe le plus nombreux, au Gabon, est évalué à environ 60 000 individus. Enfin, en amont du précédent, dans le Nord-Est du Zaïre, vit le chimpanzé de Schweinfurt, toujours sur la rive droite du fleuve Congo, mais séparé par le fleuve Oubangui de l'autre sous-espèce. Le chimpanzé nain (*Pan paniscus*), beaucoup plus rare, est localisé exclusivement sur la rive gauche du fleuve Congo au Zaïre, c'est-à-dire qu'il est le seul singe supérieur à avoir traversé le fleuve Congo qui représente une grande barrière géographique. Il vit dans les forêts marécageuses où subsistent pareillement les pygmées humains. Une telle convergence de réduction de taille suggère d'ailleurs une influence égale du milieu sur les deux espèces. Cette pression de sélection reste à analyser.

Les gorilles sont représentés par deux grands ensembles de populations qui ont, comme les chimpanzés, des aires de répartition disjointes[7-8] *(fig. 3, page suivante)*. A l'ouest, du Sud du Cameroun au Gabon et jusqu'au Congo, vit le gorille des plaines occidentales ou gorille des régions côtières. Ce groupe appartenant à la sous-espèce *gorilla* est le plus important, évalué à environ 35 000 individus. A l'est, au Zaïre et Rwanda, subsistent encore environ 4 000 gorilles des plaines orientales (sous-espèce *graueri*) qui fréquentent également les forêts d'altitude. Enfin persistent – mais pour combien de temps encore ? – quelque 275 à 300 gorilles de montagne (sous-espèce

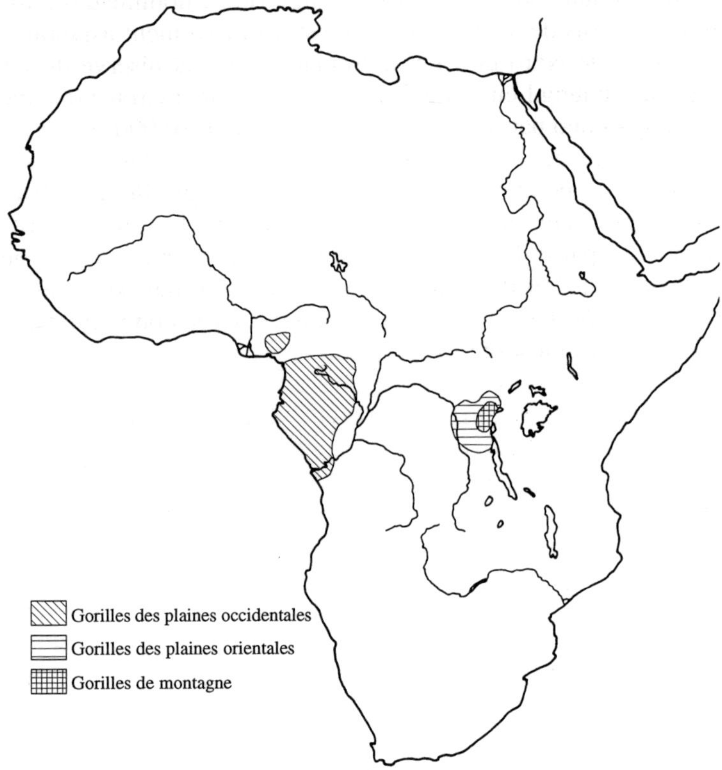

Figure 3 – Répartition géographique des gorilles. Les gorilles sont divisés en gorilles des plaines occidentales (au Congo, Gabon, Guinée équatoriale et Sud-Cameroun) et en gorilles des plaines et montagnes orientales (au Burundi et Rwanda). Enfin, une troisième forme en voie de disparition accélérée, le gorille de montagne au Rwanda et en Ouganda (d'après J.-Y. Collet, 1988).

beringei) dans la région volcanique du Virunga : ceux-là mêmes qui furent étudiés par Diane Fossey odieusement assassinée par des contrebandiers faisant le commerce des animaux.

L'orang-outan, dont le nom malais signifie « l'homme des bois », qualifié autrefois de « singe satyre », est exclusivement asiatique. Il subsiste dans le Nord de l'île de Sumatra, dans la réserve du Parc national de Gunung Leuser où il est représenté par environ 5 000 individus, et à Bornéo par une population de quelque 30 000 sujets[7-8].

La diversité des répartitions géographiques, et les isolements actuels entre les populations de chimpanzés et de gorilles en Afrique et des orangs-outans en Asie, laisse présumer une histoire complexe qui a abouti, à partir de formes ancestrales communes très anciennes, à ces répartitions très disjointes. La biologie confirmera cette séparation entre les formes africaines et asiatiques par la comparaison des gènes et des chromosomes des espèces.

3
Des cousins presque jumeaux !

Les premiers chimpanzés ont été introduits en Europe occidentale à la fin du XVIIe siècle. La première étude de ces animaux par Edward Tyson[9] en 1699 est une comparaison entre chimpanzé et pygmée, qui suggère une continuité entre les deux « espèces ». Ces recherches, complétées par d'autres, ont permis à Charles Linné[10] à la fin du XVIIIe siècle de classer l'homme parmi les primates, mais cela n'impliquait en rien une origine animale de l'homme. En effet, à cette époque, on considérait encore que les espèces avaient été créées séparément dans leur état actuel et qu'elles restaient immuablement stables. Linné n'avait fait en somme que le catalogue des créations indépendantes évoquées par la Bible auxquelles Adam avait reçu la mission de donner un nom. Linné était très fier d'avoir eu le privilège de donner un nom à chaque espèce, et d'avoir ainsi contribué à l'achèvement la création !

Le chimpanzé est dans la nature l'animal qui ressemble le plus à l'homme. Mais jusqu'où va cette ressemblance ? La science répond maintenant clairement à cette question en analysant la hiérarchie des divers niveaux de constitution des êtres vivants. Dans ce chapitre, nous nous intéresserons au premier niveau, le plus invisible de tous, celui du programme génétique, porté par les gènes.

Le programme génétique permet la synthèse de molécules appelées *protéines*, qui forment des *cellules* agencées en *organes*, dont l'assemblage, répondant à des règles strictes de construction (*développement*), aboutit à l'*organisme*. Cet organisme est intégré dans une *population* appartenant à une *espèce* donnée vivant dans un *environnement* (dimension écologique) et impliquant un certain *comportement*. Depuis les travaux du moine Gregor Mendel[11], qui a établi en

1866 les lois de la génétique en croisant des pois lisses, ridés, jaunes et verts, la biologie a fait des progrès considérables. Mendel avait soupçonné l'existence d'éléments héréditaires que Johannsen en 1911 appellera *gènes*, répartis linéairement en séquences sur les chromosomes. On sait maintenant que les gènes sont formés par des portions de longues molécules connues sous le sigle d'ADN (acide désoxyribonucléique), enroulées en deux brins formant une double hélice – une découverte fondamentale de James D. Watson et Francis Crick en 1953[12]. Ce matériel génétique est contenu essentiellement dans les chromosomes. Chaque gène est représenté dans une cellule par deux copies, une provenant du père et l'autre de la mère, localisées à un emplacement précis du chromosome, le *locus*. Nous ne détaillerons pas ici ces processus complexes qui ont été fort bien décrits ailleurs par François Gros[13].

Des erreurs sur la nature ou l'emplacement de telle ou telle molécule peuvent intervenir lors de la multiplication des brins d'ADN. Elles constituent les *mutations* des gènes. Ce terme désigne à la fois les remaniements de fragments de chromosomes (mutations chromosomiques) et les modifications morphologiques observées sur l'organisme. Les gènes constituent les éléments d'un véritable programme de développement, qui va diriger la synthèse des protéines, pour former soit les cellules de l'organisme, soit les enzymes, catalyseurs des activités biochimiques de ces cellules. Chez l'homme, le nombre des gènes est évalué à 100 000.

Les recherches ont montré que deux individus d'une même espèce n'ont jamais le même patrimoine génétique, à l'exception des vrais jumeaux. En effet lors de la fécondation, un seul spermatozoïde, sur les millions ou les milliards produits, féconde l'ovule. Une loterie, où le tirage au sort du spermatozoïde rend impossible la formation de deux patrimoines identiques. Rappelons que les vrais jumeaux résultent de la division en deux du même ovule fécondé, ce qui explique leur identité de constitution.

Le message des molécules : 99 % de ressemblance génétique !

Les biologistes ont mis au point plusieurs méthodes pour calculer la différence entre les programmes génétiques des divers organismes. Ils mesurent ainsi ce que l'on appelle la *distance génétique* entre les patrimoines des espèces. Ces méthodes comparent entre elles les séquences d'acides aminés qui constituent les cellules et les organes.

M. C. King et Allan C. Wilson en 1975[14] ont ainsi comparé les programmes génétiques du chimpanzé et de l'homme par l'analyse des séquences des acides aminés et des données immunologiques. Les deux espèces ont de très nombreuses séquences identiques, comme par exemple les chaînes d'hémoglobine. La comparaison montre que le degré de différence entre les protéines de chimpanzé et d'homme est de 7,2 sites d'acides aminés pour 1 000 substitutions. Cela signifie effectivement que les séquences des deux espèces sont identiques à plus de 99 %. La comparaison des protéines par d'autres méthodes confirme ce résultat surprenant.

Le fait que les macromolécules du chimpanzé et de l'homme soient similaires à plus de 99 % signifie que la distance génétique entre les deux espèces est très très faible, d'où le titre de ce chapitre *des cousins presque jumeaux.* Cette divergence si minime, proprement stupéfiante vu leurs différences morphologiques, correspond à celle que l'on observe entre des espèces si proches qu'on les nomme *espèces jumelles*, fréquentes chez les mouches drosophiles et les rongeurs. D'autres recherches de biologie moléculaire, cherchant à estimer le pourcentage de divergence entre tous les primates supérieurs, ont porté sur les gènes d'une globine[15-6]. Elles prouvent à l'évidence que l'homme et les trois grands singes supérieurs ont en commun un fort degré de similarité, les divergences observées variant seulement entre 1,61 et 3,52 % *(fig. 1).* En moyenne, le plus divergent des singes supérieurs est l'orang-outan, qui diffère des singes africains et de l'homme par 3,46 % des structures moléculaires. L'homme et le chimpanzé partagent la différence la plus faible (1,61 %), tandis que le gorille diffère de l'homme de 1,84 %.

Il est donc clair que les génomes des primates supérieurs sont très voisins. La plus petite divergence entre les espèces, celle qui existe entre l'homme et le chimpanzé, correspond à peu près à 2,5 fois la variation observée à l'intérieur de l'espèce humaine actuelle, soit 0,67 %. Cette grande communauté de constitution implique la conclusion désormais incontournable que pour se ressembler autant, l'homme et le chimpanzé ont dû obligatoirement avoir un même ancêtre, et que les 99 % de gènes identiques sont les traces indélébiles de l'héritage reçu de cet ancêtre commun. Ce sont les preuves indiscutables, irréfutables, que nous appartenons bien à la même famille.

La biologie moléculaire, en se fondant sur le principe de l'horloge moléculaire qui considère que les taux de mutations sont constants dans le temps, a fait des estimations sur les époques de divergence à partir des ancêtres et les taux évolutifs des diverses lignées. L'époque de divergence, admise pour la séparation de la branche des orangs-outans de celle qui conduit aux grands singes africains et à l'homme, se situerait entre 15 et 10 millions d'années en arrière. La divergence entre le gorille et la branche commune au chimpanzé et à l'homme se localiserait quelque part entre 8 et 5,3 millions d'années. Enfin, la date de la séparation entre les lignées menant respectivement à l'homme et au chimpanzé est évaluée entre 7,1 et 4,7 millions d'années.

Dans l'hypothèse de l'horloge moléculaire, l'ensemble des données actuelles suggère que le taux d'évolution moléculaire à l'intérieur de la lignée qui mène à l'homme serait plus faible que celui des lignées de grands singes. Mais ces déductions demandent confirmation, car l'hypothèse de l'horloge moléculaire est de plus en plus remise en question, les molécules évoluant sans doute à des vitesses différentes et irrégulièrement[16-17]. Ces faibles différences au niveau des gènes sont cependant suffisantes pour empêcher les individus de ces espèces de se croiser entre eux et d'avoir une descendance viable. Ces différences, aussi minimes soient-elles, constituent une barrière entre les espèces, ce que l'on appelle l'*isolement reproductif.*

On savait en fait depuis longtemps que le chimpanzé ressemblait beaucoup à l'homme. L'étude des groupes sanguins avait déjà montré que le chimpanzé possédait comme l'homme les groupes O et A, mais pas les groupes B et AB[18]. Des transfusions sanguines sont donc théoriquement possibles entre les individus des deux espèces ayant les mêmes groupes sanguins. La divergence avec le chimpanzé réalisée depuis la séparation de l'ancêtre commun est donc très faible au niveau génétique, et la trace de cet ancêtre commun est désormais « fossilisée » dans notre patrimoine génétique. Bien que faible, elle est cependant suffisamment efficace pour faire des chimpanzés des parents très particuliers, des *cousins presque jumeaux*. Une parenté qui va être confirmée par l'étude du niveau d'organisation suivant, celui des chromosomes.

4
Des cartes d'identité chromosomiques.

L'étude comparative du nombre et de la forme des chromosomes des cellules est un autre moyen d'évaluer les ressemblances et les divergences entre les espèces.

Pour certaines espèces, le nombre et la forme des chromosomes sont parfois fixes, c'est-à-dire que la formule chromosomique constitue alors une véritable carte d'identité, un sceau original de l'espèce. Dans ces cas, la formation des espèces s'est accompagnée de modifications au niveau chromosomique qui ont pu jouer un rôle majeur en constituant une barrière qui entrave les croisements. On sait en effet qu'au moment de la formation des cellules sexuelles, les mouvements des chromosomes sont complexes, et que les appariements entre les chromosomes paternels et maternels ne peuvent pas se faire mécaniquement n'importe comment, mais en suivant des règles précises. Autant de contraintes internes permettant à la nouvelle espèce de se former et de s'isoler à partir d'une espèce ancestrale. C'est ce qui arrive dans environ 45 % des autres cas où chaque espèce possède une formule chromosomique unique et bien caractéristique comme le chimpanzé et l'homme. Mais dans 45 % des cas encore, deux ou plusieurs espèces apparentées d'un même genre peuvent posséder la même formule, ainsi chez les carnivores ou les rats. Cela veut dire que la divergence accompagnant la formation d'une nouvelle espèce a porté sur d'autres niveaux d'organisation que celui des chromosomes, par exemple ceux des molécules, du développement, de l'écologie ou du comportement. Enfin dans les derniers 10 % des cas, une même espèce peut montrer deux ou plusieurs formules chromosomiques, comme chez les souris domestiques, montrant bien que la formule chromosomique n'est ici qu'un caractère variable parmi d'autres. La divergence entre l'espèce ancestrale et sa dérivée est alors décidée à d'autres niveaux d'organisation, comme précédemment.

Les recherches chromosomiques ont fait de très grands progrès dans les années 70 lorsque l'on a pu mettre en évidence, par de nouvelles techniques de marquage, des séquences de structures matérialisées sur les chromosomes par des bandes plus ou moins sombres. Ces recherches ont été très activement menées en France par les équipes médicales de Jérôme Lejeune, de Jean de Grouchy[19] et de Bernard Dutrillaux et Jérôme Couturier[20-21].

Les variations entre espèces portent soit sur le nombre de chromosomes, soit sur l'arrangement des bandes sur les chromosomes. On peut désormais esquisser une véritable géographie des chromosomes grâce à la description d'environ un millier de bandes noires et blanches. La comparaison des cartes chromosomiques des espèces apparentées d'un même genre ou d'une même famille montre que, d'une espèce à l'autre, il y a des remaniements de chromosomes, que l'on appelle les « mutations chromosomiques ». Tel petit bout de chromosome sera dans un sens sur le chromosome d'une espèce, dans le sens opposé sur celui d'une autre espèce, ou échangé avec un autre fragment d'un autre chromosome, ou sera absent chez l'une, présent chez l'autre. Ces changements de position des fragments chromosomiques sont très importants, car ils changent la répartition des gènes, notamment les distances entre des gènes qui interfèrent entre eux. Ces mutations chromosomiques peuvent aboutir à la multiplication de certains chromosomes. Ainsi le chromosome 21 pourra être présent en trois exemplaires au lieu de deux. La conséquence de cette « trisomie 21 » sera une anomalie majeure, le mongolisme, dont les effets se font sentir sur presque tous les organes. Dans d'autres cas, la multiplication par deux de la formule chromosomique aboutira à des individus appelés « tétraploïdes », qui constitueront une nouvelle espèce. Ce mode de formation de nouvelles espèces est particulièrement fréquent chez les végétaux, c'est pourquoi cette technique est utilisée dans le génie génétique végétal.

Les marques de notre origine primate

Si l'on examine le cas de notre famille, on constate que les chimpanzés, les gorilles et les orangs-outans possèdent tous 48 chromosomes. Mais l'homme n'en a plus que 46. Cette réduction de la formule humaine résulte du fait que deux chromosomes courts en forme de I des singes anthropomorphes se sont soudés par une extrémité pour former un chromosome unique en forme de V chez l'homme. C'est là l'origine du chromosome numéro 2 de l'homme, qui le différencie des autres singes anthropomorphes, chez qui les deux bras de ce chromosome constituent deux chromosomes distincts. Cette fusion de deux chromosomes a pu jouer un rôle de barrière lors de la formation d'une espèce ancestrale de l'homme. Mais il s'agit là encore d'une hypothèse intestable en raison du manque d'information chromosomique sur les formes disparues.

Cependant, malgré ces différences de formule chromosomique globale, plusieurs chromosomes* sont identiques chez toutes les espèces considérées de la famille : orang-outan, gorille, chimpanzé et homme. Cela signifie que ces chromosomes sont hérités d'un ancêtre bien plus ancien commun à toutes ces espèces. Il s'agit d'une marque indélébile de notre enracinement au sein des primates archaïques du Tertiaire ; un véritable tampon d'authenticité ! La comparaison du nombre de modifications chromosomiques existant entre les singes anthropomorphes et l'homme montre encore que le chimpanzé est le plus proche de l'homme. Le chimpanzé et l'homme ont bel et bien eu un ancêtre commun qui nous a légué un grand nombre de chromosomes identiques, expliquant en partie la ressemblance à 99 % de notre constitution génétique. C'est une nouvelle confirmation que nous appartenons bien à la même famille.

La comparaison des formules chromosomiques des espèces actuelles met aussi en évidence les différences acquises au cours des temps géologiques. Elle montre ainsi que les diverses espèces ont subi plus ou moins de mutations chromosomiques au cours de leur histoire, c'est-à-dire que le taux de mutation n'est ni commun, ni constant.

* Les chromosomes 6, 19, 21, 22 et le chromosome sexuel X.

Elle permet, en outre, de reconstituer la chronologie de la formation des chromosomes, et d'évaluer les degrés de parenté des divers membres de la famille à un degré de structure plus élevé que celui des gènes. Force nous est de constater que les données chromosomiques sont totalement cohérentes avec celles des gènes et ne remettent pas en cause la classification proposée, mais la complètent comme nous le verrons plus loin. Les divergences chromosomiques observées posent le problème de savoir comment elles ont pu se réaliser, selon quels mécanismes biologiques, selon quelle chronologie, dans quel cadre géographique et climatique. Il est nécessaire d'essayer d'en retracer une histoire dynamique.

5
Le mystère de l'ancêtre commun élucidé ?

La généalogie des chromosomes

Les spécialistes qui ont comparé les chromosomes des trois espèces de singes anthropomorphes avec ceux de l'homme[19-21] ont pu, par déductions, reconstituer la formule chromosomique ancestrale commune de toutes ces espèces. Cette reconstitution se fonde sur le principe selon lequel si deux, trois ou quatre espèces ont un chromosome en commun, il est vraisemblable qu'elles le doivent à la présence d'un ancêtre commun qui le leur a transmis à toutes. Cette relation est la plus simple. Mais on peut aussi envisager une autre solution, sans doute plus compliquée, mais tout aussi plausible pour expliquer une telle ressemblance. Il faut alors imaginer que deux modifications chromosomiques identiques se réalisent de la même manière et sur le même chromosome chez deux espèces apparentées issues de la même forme ancestrale. C'est ce que l'on appelle une convergence. C'est statistiquement beaucoup plus improbable, mais effectivement possible.

On peut donc préciser ainsi les relations de parenté des diverses espèces des singes anthropomorphes, c'est-à-dire leur proximité ou leur éloignement dans l'arbre généalogique. On peut tenter de reconstituer la chronologie de la formation des divers chromosomes et des événements successifs qui ont marqué notre histoire. Mais ce sera le rôle de la paléontologie de retrouver les ancêtres, de préciser l'âge de leur apparition dans les archives paléontologiques et de reconstruire l'histoire proprement dite. Les divergences chromosomiques observées entre les divers membres de notre famille résultent d'une histoire complexe dont nous allons essayer de reconstituer quelques événements majeurs. L'histoire qui va être proposée doit être considérée comme une hypothèse plausible qui explique l'essentiel des observations actuelles, mais elle reste un modèle théorique. Les recherches ultérieures permettront de la tester et d'en évaluer la validité. C'est une nouvelle piste qui est proposée.

L'ancêtre sans nom, un modèle de divergence chromosomique

Parmi les singes anthropomorphes actuels, le groupe qui a la formule chromosomique la plus archaïque est logiquement celui qui s'est différencié le plus tôt dans l'histoire de la famille. Il s'agit de l'orang-outan. Comme nous le verrons plus loin dans la description de la galerie des ancêtres, tous les singes anthropomorphes actuels descendent d'un primate archaïque africain appelé proconsul. Des individus de cette espèce ont émigré en Asie il y a plus de 10 millions d'années. Là, ils se sont trouvés isolés de la branche africaine et ont évolué indépendamment pour donner naissance à l'orang-outan[22-23]. Le groupe de l'orang-outan est ensuite resté relativement stable d'un point de vue chromosomique, puisque depuis cette époque, il a seulement subi quatre mutations chromosomiques nouvelles.

Après la séparation de la lignée des orangs-outans, la lignée ancestrale *Proconsul*, commune aux trois genres actuels : chimpanzé, gorille et homme, subsistait en Afrique. C'est le début de la phase correspondant au fameux ancêtre commun impliqué par les ressemblances génétiques. Son existence est indiscutablement démontrée par la formation de sept chromosomes mutés particuliers* et la persistance de onze chromosomes communs non mutés** que possèdent par héritage et de façon indélébile les trois genres actuels précédents[24] *(fig. 4-5, pages 38-39)*. La présence de sept chromosomes mutés caractéristiques, que l'on va retrouver de façon identique chez les descendants gorilles, chimpanzés et hommes, implique que cet ancêtre

* Les chromosomes 2q, 3, 7, 10, 11, 17, 20.

** Les chromosomes 1, 4, 5, 8, 9, 12, 13, 14, 15, 16, 18.

commun constituait alors une espèce homogène, non différenciée en sous-espèces. Le brassage génétique, qui résulte des croisements entre les individus, répartit de façon assez homogène la variation chromosomique, y compris les mutations chromosomiques qui apparaissent chez des individus isolés. Cette première partie de l'histoire de l'ancêtre commun correspond à ce que nous appellerons « la phase 1 homogène de l'ancêtre commun ».

Ensuite cet ancêtre commun s'est diversifié et il y a eu séparation des lignées menant d'une part au gorille et au chimpanzé, et d'autre part à l'homme. Cette divergence pose un problème complexe de répartition de cinq chromosomes mutés dont une solution vient tout juste d'être proposée[24].

On constate en effet que le chimpanzé et l'homme ont en commun

Figure 4 (page 38) – Modèle d'évolution théorique des chromosomes à partir de l'ancêtre commun aux singes supérieurs (orang-outan, gorille, chimpanzé, australopithèque) et à l'homme. Plusieurs étapes sont distinguées. La première étape est marquée par la séparation vers 12 millions d'années de la branche des orangs-outans, qui évolueront ensuite isolément en Asie. La seconde étape est celle de l'ancêtre commun aux gorilles, chimpanzés, australopithèques et hommes. Elle s'effectue en trois phases successives qui se sont déroulées entre 10 et 4 millions d'années. La première phase, sans doute assez longue (3 millions d'années ?), est celle d'une espèce homogène où les gènes et les 7 chromosomes mutés se répartissent régulièrement dans toute la population. La seconde phase hétérogène corrrespond à la division de cette espèce homogène en trois sous-espèces, pré-gorille, pré-chimpanzé et pré-australopithèque. Vivant sur des territoires voisins (voir fig. 2), elles ont échangé, deux à deux, des chromosomes mutés pendant une période plus courte que la précédente (1 million d'années ?). Enfin la troisième phase, depuis 4 millions d'années, traduit la séparation définitive des trois genres, gorille, chimpanzé et australopithèque, qui vont désormais évoluer indépendamment. C'est à ce moment-là qu'apparaît la bipédie australopithèque. Plus tard, vers 2 millions d'années, la lignée humaine proprement dite se formera à partir de la souche australopithèque par l'acquisition d'une plus grande capacité crânienne et de la bipédie humaine (d'après Chaline *et al.* 1990, simplifié).

Figure 5 (page 39) – Explication détaillée de la figure 4 précisant notamment la localisation des mutations chromosomiques.

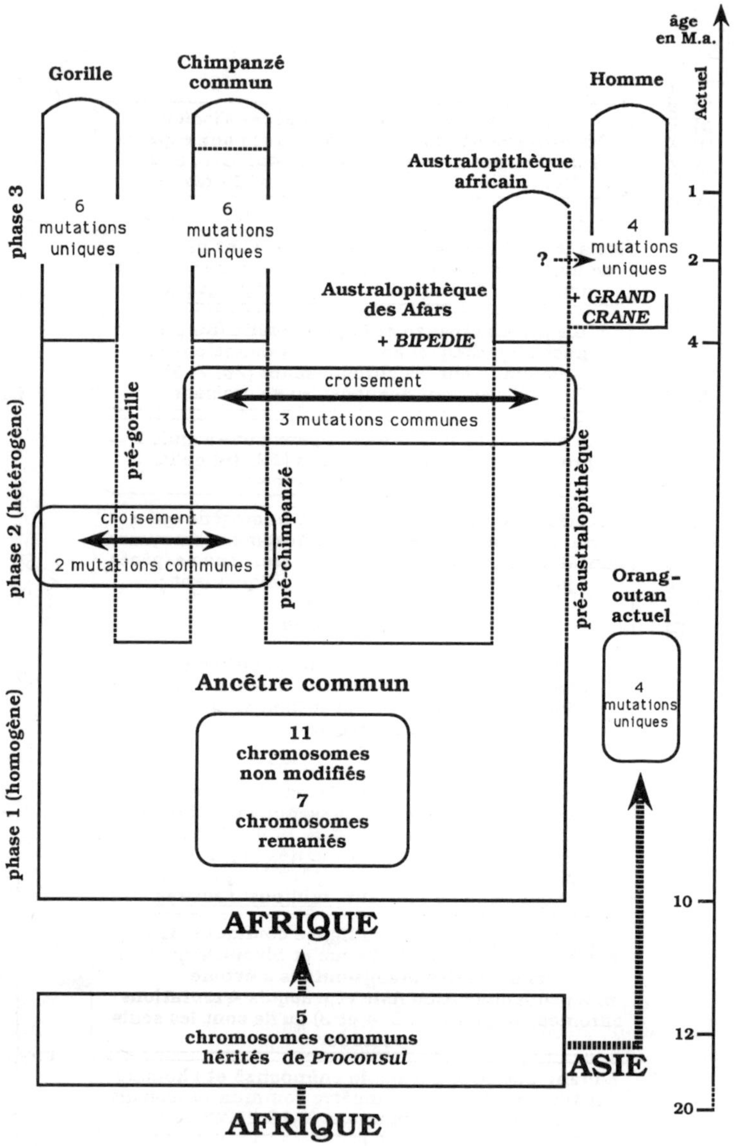

âge en M.a.
Gorille
Chimpanzé commun
Homme
Actuel
Australopithèque africain
phase 3
6 mutations uniques
6 mutations uniques
4 mutations uniques
1
2
?
Australopithèque des Afars
+ BIPEDIE
+ GRAND CRANE
4
croisement
3 mutations communes
pré-gorille
phase 2 (hétérogène)
croisement
2 mutations communes
pré-chimpanzé
pré-australopithèque
Orang-outan actuel
Ancêtre commun
phase 1 (homogène)
11 chromosomes non modifiés
7 chromosomes remaniés
4 mutations uniques
10
AFRIQUE
5 chromosomes communs hérités de Proconsul
12
ASIE
20
AFRIQUE

Age en M.a.

PHASE 3
3 espèces

Il y a 4 Ma, les trois sous-espèces s'isolent définitivement et donnent naissance aux espèces actuelles des gorilles et des chimpanzés, et à la lignée des australopithèques (pré-humains)

4

PHASE 2 hétérogène
division en 3 sous-espèces

Mais le pré-humain et le pré-gorille n'ont pas acquis de mutations chromosomiques communes, ce qui signifie qu'ils étaient isolés géographiquement

Le pré-chimpanzé et le pré-humain (ou pré-australopithèque) ont acquis 3 mutations en commun sur les chromosomes (2p, 7, 9) qu'ils se sont échangés en se croisant

Le pré-gorille et le pré-chimpanzé ont acquis 2 chromosomes mutés communs (12, 16) qu'ils se sont échangés en se croisant

Après la phase populationnelle homogène qui a permis le brassage des 18 chromosomes communs, l'ancêtre commun s'est divisé en trois-sous-espèces jointives ou séparées géographiquement :
le pré-gorille
le pré-chimpanzé
et
le pré-humain ou pré-australopithèque
Ces trois sous-espèces pouvaient encore se croiser si elles se rencontraient, et mélanger alors leurs chromosomes

PHASE 1
homogène

ANCETRE COMMUN

L'ancêtre commun au gorille, au chimpanzé et à l'homme est prouvé par la présence indélébile de11 chromosomes communs (1, 4, 5, 8, 9, 12, 13, 14, 15, 16, 18) et de 7 chromosomes mutés (2q, 3, 7, 10, 11, 17, 20) apparus pendant une phase populationnelle homogène de plusieurs millions d'années

10

Après sa séparation de la lignée commune, il y a environ 12 Ma (Ramapithèque et Sivapithèque), la branche des orangs-outans a évolué indépendamment en Asie et a acquis 4 mutations chromosomiques (20, 8, 4 et 3) qu'ils sont les seuls à posséder

12

L'orang-outan, le gorille, le chimpanzé et l'homme ont tous hérité de leur ancêtre commun *Proconsul* 5 chromosomes communs (6,19,21,22 et X)

20

trois chromosomes mutés* que ne possède pas le gorille. D'un autre côté le chimpanzé et le gorille ont en commun deux autres chromosomes mutés particuliers** que ne possède pas l'homme. C'est-à-dire que le chimpanzé a d'une part trois chromosomes mutés communs avec l'homme, et d'autre part deux autres en commun avec le gorille. Mais le gorille n'a pas de remaniements particuliers en commun avec l'homme !

Cette situation est incompréhensible dans l'hypothèse traditionnelle où l'on pensait qu'il y avait eu une séparation en deux branches (modèle dichotomique) respectives menant, d'un côté au gorille et au chimpanzé, et de l'autre à l'homme. Les spécialistes ont buté sur ce paradoxe en signalant l'existence d'un problème complexe populationnel. Il y a en fait une solution possible que nous allons développer[24] : c'est la « phase 2 hétérogène de l'ancêtre commun ». Pour expliquer ce fait très paradoxal, il faut supposer en effet qu'à un certain moment de leur histoire, après la phase 1 commune indifférenciée, les ancêtres des chimpanzés et des gorilles ont pu continuer à se croiser entre eux et acquérir aussi deux nouvelles mutations chromosomiques possédées uniquement par eux, mais inconnues chez l'homme. Mais il faut admettre, en outre, que pendant une certaine période, peut-être décalée par rapport à la précédente, les ancêtres du chimpanzé et de l'homme ont pu également se croiser entre eux et intégrer dans leur patrimoine génétique trois autres nouvelles mutations chromosomiques qu'ils sont les seuls à posséder, à l'exclusion du gorille. Par contre, le fait que les ancêtres du gorille et de l'homme n'ont pas dans leurs formules chromosomiques de mutations qu'ils posséderaient seuls en commun implique qu'ils n'aient pas eu, pendant cette phase, de contacts permettant l'hybridation. Cela signifie qu'ils étaient sans doute isolés géographiquement.

L'hypothèse ou le scénario que l'on peut proposer se décompose donc obligatoirement en plusieurs phases et étapes[24] que l'on peut résumer comme suit *(fig. 4-5)* :

– Dans la phase 1 homogène, les ancêtres des gorilles, des chimpanzés et des hommes formaient un groupe commun ancestral indif-

* Les chromosomes 2p, 7, 9.

** Les chromosomes 12, 16.

férencié où tous les individus se croisaient. Une seule espèce commune, encore sans nom, car nous verrons qu'elle n'est pas encore identifiée dans les archives paléontologiques.

– Dans la phase 2 hétérogène, le groupe ancestral s'est différencié en trois sous-groupes, vraisemblablement en trois sous-espèces. En effet, seules les sous-espèces conservent la possibilité de se croiser le long de leur zone de contact et de mélanger leur patrimoine génétique en un seul. Nous les appellerons respectivement pré-chimpanzés, pré-gorilles et pré-humains. Par rapport à la répartition géographique des espèces actuelles, nous pouvons admettre une hypothèse plausible de répartition de ces trois sous-espèces :

– Le groupe ancestral homogène de la phase 1 devait avoir une répartition géographique centrée autour de la région du lac Victoria actuel *(fig. 6, page suivante)*.

– Pour la phase 2 hétérogène *(fig. 7, page 43)*, le groupe des pré-chimpanzés devait avoir une large répartition en arc de cercle, du nord-ouest du Cameroun au sud du lac Victoria, séparant de part et d'autre les pré-humains à l'est et les pré-gorilles à l'ouest. Elle devait s'étendre vers le nord-ouest (Cameroun) en suivant une zone située au nord du fleuve Congo, dans un milieu de forêt équatoriale ouverte et peu humide.

– Le groupe des pré-gorilles devait être situé sur la bordure ouest des pré-chimpanzés, mais toujours au nord du fleuve Congo, dans la zone de forêt équatoriale très humide *(fig. 7)*.

– Enfin, le groupe des pré-humains devait avoir une répartition plus orientale. Ils étaient situés à l'est du groupe des pré-chimpanzés, dans la fameuse vallée du rift d'Afrique orientale, la grande cassure de la croûte terrestre sillonnant l'Afrique du nord au sud *(fig. 7)*.

Cette triple division de l'ancêtre commun en trois sous-espèces géographiques préfigurant les trois genres actuels permet de comprendre la formation des formules chromosomiques des espèces actuelles selon le scénario suivant. Les pré-chimpanzés étaient en contact à l'est avec les pré-humains et pouvaient se croiser avec eux. Si bien que trois mutations chromosomiques apparues dans cette région se sont réparties au gré des croisements et se retrouvent actuellement dans l'héritage chromosomique commun des chimpanzés d'une part et des hommes d'autre part. De la même façon, les pré-

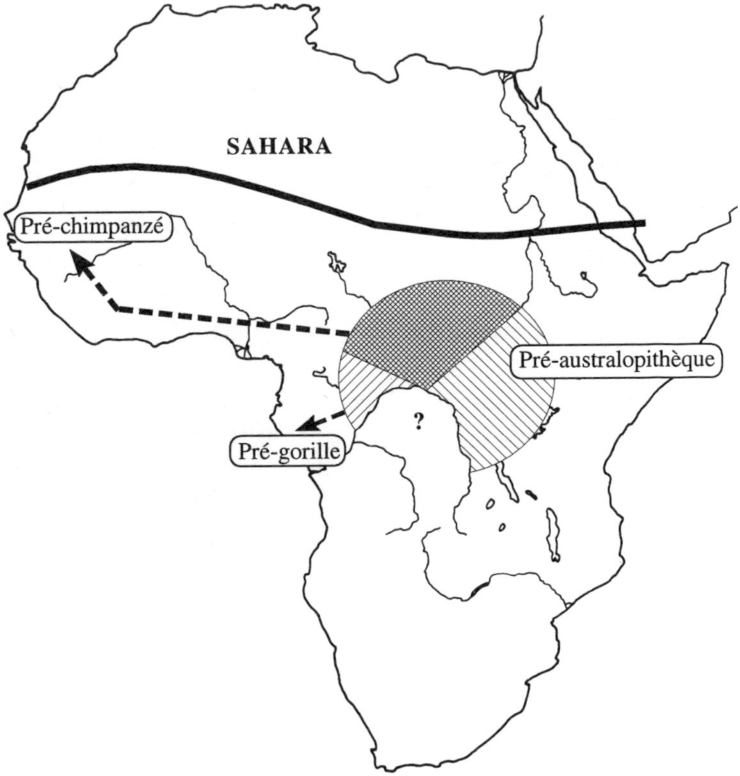

Figure 6 – Carte de l'Afrique montrant la répartition possible des trois sous-espèces de l'ancêtre commun. Le pré-gorille à l'ouest, le pré-chimpanzé au nord et le pré-australopithèque à l'est. Le contact entre deux sous-espèces explique le partage des mêmes mutations chromosomiques. Les extensions successives de la zone désertique du Sahara vers le sud au cours du Tertiaire et du Quaternaire pourraient être responsables de la séparation des espèces de gorilles et de chimpanzés en plusieurs sous-espèces (d'après Chaline *et al.* 1990, simplifiée).

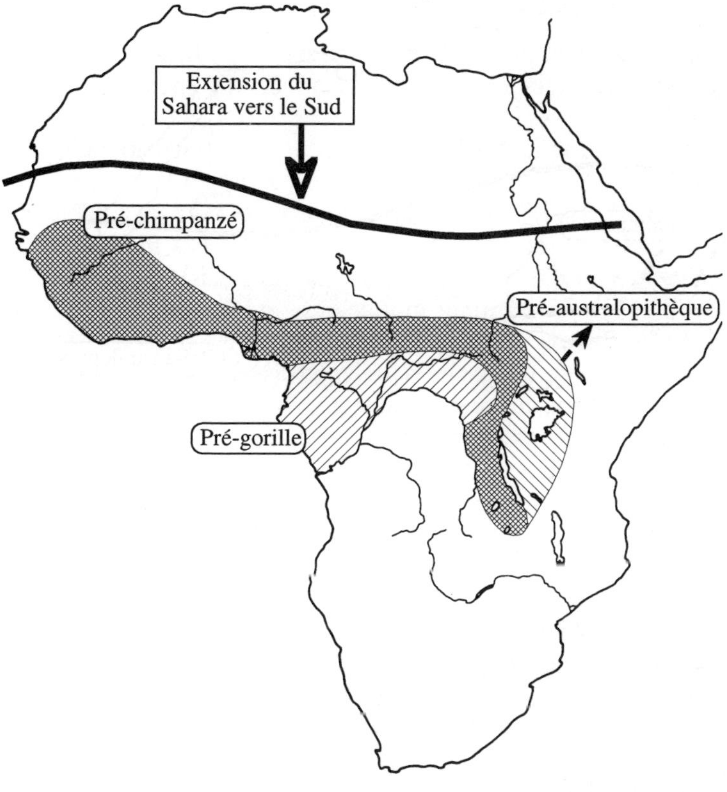

Figure 7 – Répartition maximale possible des trois composantes de l'ancêtre commun, le pré-chimpanzé au nord, le pré-gorille au sud-ouest et le pré-humain à l'est. Cette répartition sera modifiée par les extensions du Sahara vers le sud qui couperont les aires de répartition des pré-chimpanzés et des pré-gorilles en populations respectivement occidentales et orientales.

chimpanzés voisinaient à l'ouest avec les pré-gorilles et se croisaient avec eux, de telle façon que les deux mutations chromosomiques particulières apparues dans la zone commune ont été intégrées par héritage dans le patrimoine chromosomique commun des gorilles et des chimpanzés actuels. En revanche, les pré-gorilles et les pré-humains n'avaient pas de contacts entre eux à ce moment-là et n'ont pu acquérir de mutations communes aux deux genres.

Dans le cadre de ce scénario général, il y a plusieurs hypothèses possibles quant à la chronologie de cette divergence.

• L'une d'entre elles, qui correspond au retour à un modèle initialement dichotomique *(fig. 8)*, suggère qu'après la phase commune homogène (phase 1), il y ait eu tout d'abord séparation géographique et différenciation chromosomique des pré-humains* et des pré-gorilles**. Ensuite seulement, deux petites populations de chaque sous-espèce se seraient rencontrées, croisées, et auraient formé la population souche des pré-chimpanzés ! Ainsi, le chimpanzé pourrait être un hybride de pré-gorille et de pré-humain. Voilà une idée théorique qui risque de faire du bruit, mais ne saurait être exclue *a priori* !

• Une autre solution doit aussi être envisagée, celle des mutations par convergence. Ce phénomène impliquerait que deux mutations communes soient apparues au même emplacement et sur les mêmes chromosomes chez les pré-gorilles et les pré-chimpanzés**. Ensuite trois autres mutations chromosomiques identiques seraient apparues de même sur les chromosomes des pré-chimpanzés et des pré-humains*. Cette solution, bien que possible, semble statistiquement plus improbable que la précédente.

Le rôle du climat dans la divergence

Le modèle de divergence à trois branches, que l'on peut qualifier de « trichotomique », implique aussi qu'à une époque se situant entre 5 et 4 millions d'années, ces trois sous-espèces soient devenues

* Les chromosomes 2p, 7, 9.

** Les chromosomes 12, 16.

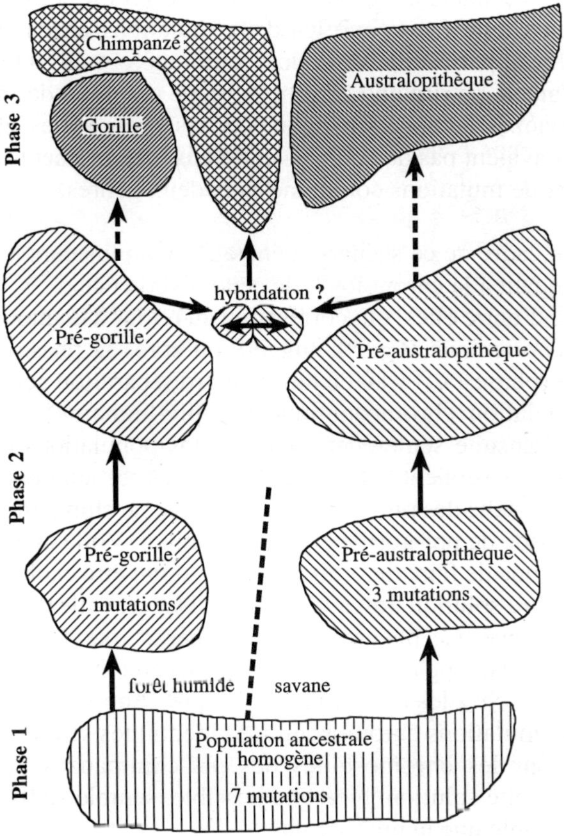

Figure 8 – Hypothèse d'une différenciation de l'ancêtre commun en deux branches respectivement pré-gorille et pré-humaine correspondant à deux sous-espèces isolées géographiquement. La formation du pré-chimpanzé pourrait « théoriquement » résulter de la fusion par hybridation de deux populations isolées de chacune des deux sous-espèces. Ce mécanisme expliquerait la répartition des chromosomes dans les espèces actuelles. Dans cette hypothèse, le chimpanzé dériverait en partie du pré-humain, une idée surprenante, mais plausible…

finalement trois espèces bien distinctes (phase 3), soit parce que de nouvelles mutations chromosomiques les empêchaient alors de se croiser entre elles (par avortement des hybrides), soit parce qu'elles s'étaient isolées géographiquement et ne se rencontraient plus.

Les chimpanzés, depuis cette séparation, ont acquis six mutations chromosomiques originales* qu'ils sont les seuls à posséder. Les gorilles ont subi de leur côté également six mutations chromosomiques différentes** qu'ils sont les seuls à avoir dans leur patrimoine chromosomique. Quant à la lignée pré-humaine, puis humaine, elle a acquis quatre mutations chromosomiques particulières***, dont la fameuse fusion des deux chromosomes qui ont formé le chromosome 2 humain. Pour comprendre cette séparation en espèces distinctes, il faut faire intervenir ici un nouveau facteur déterminant, celui des changements de climats. Les modifications de l'environnement ont dû jouer un rôle majeur dans l'isolement géographique des sous-espèces et des espèces. La *figure 7* permet de comprendre la logique des changements.

Au nord de la zone de diversification de l'ancêtre commun, se situe la zone aride du Sahara identifiée depuis environ 30 millions d'années (Oligocène). Cette zone est en effet caractérisée par des rongeurs désertiques depuis au moins 20 millions d'années (Miocène moyen)[25-27]. Le désert du Sahara a sans doute joué un rôle capital dans la séparation géographique des populations de l'ancêtre commun. En effet, le Sahara a connu au cours des temps géologiques des variations considérables de taille et de localisation. Rien qu'au cours des derniers 20 000 ans, il a fortement fluctué dans son extension vers le sud[28], se réduisant, entre –6 000 et –4 500 ans, à une bande de l'ordre de 100 km du nord au sud. Mais depuis –4 500 ans, on constate une extension de la désertification vers le nord et vers le sud, et même vers le Proche et le Moyen-Orient. La désertification actuelle du Sahel n'est donc pas un phénomène récent. C'est une situation globale, qui a dû se réaliser de nombreuses fois au cours des

* Les chromosomes 4c, 5, 9, 15, 17, 13.

** Les chromosomes 1, 4b, 5, 17, 8, 10, 14.

*** Deux mutations sur le chromosome 1 ; une sur les chromosomes 2 et 18.

temps géologiques, et contre laquelle il n'y a sans doute, malheureusement, pas grand-chose à faire.

Au cours de l'histoire de notre ancêtre commun, certaines extensions du Sahara vers le sud ont dû être très larges. L'aridité a sûrement atteint la boucle nord du fleuve Congo, coupant ainsi l'aire de répartition des pré-chimpanzés et des pré-gorilles en populations occidentales et orientales *(fig. 7)*. Ces isolements se sont répétés au moins trois fois. Ils ont séparé tout d'abord les sous-espèces de l'ancêtre commun, puis les espèces actuelles (gorille et chimpanzé), et enfin les sous-espèces des gorilles et des chimpanzés actuels. Ce mécanisme de séparation des espèces en populations occidentales et orientales a pu fonctionner parce que les populations de pré-gorilles et de pré-chimpanzés n'ont jamais pu traverser la grande barrière naturelle que représente le fleuve Congo.

Le seul chimpanzé qui a réussi à traverser ce fleuve est le chimpanzé nain, le bonobo. Cet exploit a peut-être été réalisé très en amont, où le fleuve est moins large, par des chimpanzés communs qui ont ensuite évolué en « chimpanzé nain » par miniaturisation. Nous reviendrons plus loin sur les processus explicatifs de cette réduction.

Donner les détails et la chronologie des événements est actuellement impossible, mais ce mécanisme est plausible. Il est en outre testable, puisque, s'il est correct, on devrait trouver dans les dépôts géologiques du Tertiaire des fossiles de pré-chimpanzés dans les zones actuellement dépourvues de chimpanzés, de la Côte-d'Ivoire au Nigeria.

A partir de la répartition initiale des pré-chimpanzés *(fig. 7)*, les chimpanzés communs se sont eux-mêmes diversifiés en trois sous-espèces, de l'ouest au sud. L'une est isolée en Haute-Guinée *(fig. 2)*, sans doute à la suite de la rupture de la forêt équatoriale par l'apparition possible d'environnements désertiques à semi-désertiques au Nigeria, au cours du Quaternaire récent, à la suite de l'extension vers le sud de la zone saharienne. Les gorilles, à partir de la souche pré-gorille, se sont également scindés en trois sous-espèces, correspondant respectivement aux gorilles de plaine et de montagne, de part et d'autre de la boucle du fleuve Congo *(fig. 3)*. Quant au pré-humain dont nous parlons, il n'existe plus actuellement dans la nature, mais la paléontologie l'a partiellement retrouvé : il s'agit d'un pré-australopithèque et de son descendant australopithèque. Les pré-australopithèques devaient être l'une des composantes de l'ancêtre commun, au même titre que les pré-chimpanzés et les pré-gorilles. Mais à cette époque, les pré-australopithèques devaient encore être quadrupèdes. La découverte d'un bassin de pré-australopithèques sera un bon test de la nouvelle hypothèse.

Ce nouveau schéma introduit les groupes des australopithèques comme les représentants d'une étape intermédiaire entre l'ancêtre commun et la lignée humaine proprement dite. Ils ne sont jamais pris en compte par les spécialistes des chromosomes pour la raison évidente qu'étant disparus, leurs chromosomes ne sont pas connus. Mais comme ils ont constitué une étape intermédiaire incontournable, désormais démontrée, ils doivent être intégrés dans l'hypothèse. Par déduction, la formule chromosomique de cette forme éteinte pré-humaine peut être évaluée avec une assez bonne approximation, à l'exception des quatre chromosomes apparus depuis leur isolement génétique. Ces quatre chromosomes ont en effet pu muter, soit pendant l'histoire de l'australopithèque, soit au cours de celle de la lignée humaine proprement dite qui en dérive.

Le modèle de séparation entre les trois genres ne serait donc pas simplement celui d'une divergence en deux groupes, comme c'est généralement le cas dans le monde animal. Il y aurait ici une « trivergence ». Les mutations chromosomiques, variables en nombre selon les lignées, sont donc apparues au hasard au sein de populations qui ont subi les vicissitudes du climat et de l'environnement. L'histoire de cette différenciation doit donc être considérée d'une façon dynamique, mêlant les contraintes internes des organismes aux contraintes externes.

Les ressemblances biologiques des gènes et des chromosomes démontrent clairement que le chimpanzé et l'homme ont eu un ancêtre commun. Il n'en reste pas moins que les deux lignées présentent de très fortes divergences morphologiques qu'il faut expliquer. Il y a donc une indépendance, un découplage important, entre la divergence génétique et la divergence morphologique, qu'il faut comprendre.

6
Chacun dans sa niche !

Très curieusement, les très grandes similitudes des gènes, des chromosomes et des molécules des organismes des divers membres de la famille se traduisent sur le plan de leurs apparences physiques par des différences beaucoup plus grandes. Elles sont fortement amplifiées et touchent les grands ensembles fonctionnels, en particulier les membres et le système de locomotion, le crâne et le système nerveux.

Ces structures du squelette posent un grand problème du point de vue évolutif, celui de l'adaptation. Est-ce que les nouvelles structures (innovations) apparaissent les premières sous l'effet de contraintes internes, qui conditionnent ensuite les possibilités d'adaptation des espèces dans les milieux qu'elles habitent, ou bien est-ce le milieu qui entraîne, par la sélection naturelle, l'apparition des nouvelles structures observées ? Dans le premier cas, on a une conception internaliste, dans le second externaliste. Si, de Darwin à la théorie synthétique des années quarante (*le néo-darwinisme*), on a favorisé l'approche externaliste accordant un rôle prépondérant à la sélection naturelle, aujourd'hui, après les découvertes de la biologie du développement dont nous analyserons les mécanismes au chapitre 11, on serait plutôt enclin à une approche internaliste. C'est-à-dire que les changements de structure semblent étroitement canalisés par des contraintes internes du développement, et que la sélection naturelle semble intervenir seulement après, lorsque ces structures sont soumises aux contraintes externes de l'environnement. L'apparition brutale de nouvelles structures constitue ce que l'on a souvent appelé les *préadaptations*. Lorsqu'elles donnent un avantage immédiat vis-à-vis de la sélection naturelle, elles seront alors maintenues, voire amplifiées, mais si elles sont désavantageuses, elles seront inexorablement éliminées. Il s'agit d'une sélection naturelle à choix très limité. Les structures qui se maintiennent sont dites adaptées, mais la notion d'adaptation est tout à fait relative ! Adaptation ne veut pas dire la *meilleure* adaptation possible ; elle peut être simplement tolérée par l'environnement, être en quelque sorte neutre. Certaines innovations, qui à l'origine constituent une adaptation à un paramètre donné de l'environnement, peuvent ensuite changer de fonction. Par exemple, les plumes des oiseaux semblent avoir été tout d'abord une adaptation à la thermorégulation. Ultérieurement, elles ont servi au vol. Ce détournement de fonction correspond à ce que Stephen J. Gould et Elisabeth Vrba ont appelé une *exaptation*[29].

De l'arbre à la savane

Prenons l'exemple de la locomotion. Elle semble étroitement liée au milieu fréquenté, à ce que l'on appelle une niche écologique, un territoire plus ou moins vaste, comprenant un ou plusieurs type(s) de paysage(s). Ceux-ci renferment un ou plusieurs groupements de végétation et de faune, sous la dépendance de nombreux facteurs climatiques, comme la température et la quantité de pluie. Les spécialistes ont montré qu'une espèce fréquentait une niche écologique plus ou moins large et que cela conditionnait, au moins en partie, son mode de vie, son alimentation, voire sa reproduction.

Les primates sont surtout des animaux qui vivent en milieu forestier ; certains cependant, comme les macaques en particulier, ont colonisé les milieux plus découverts. Il en va de même de l'homme. Si les singes supérieurs ont en commun de se fabriquer tous les soirs un nid de branchages et de feuilles pour passer la nuit, leurs modes de vie sont assez variés.

Les orangs-outans, plutôt solitaires, vivent exclusivement dans une forêt très arrosée par les pluies du Sud-Est asiatique. Ils se déplacent lentement dans les grands arbres en se servant indifféremment de leurs quatre membres. Faisant leur nid à une vingtaine de mètres de hauteur, ils se nourrissent surtout de fruits en période de fructification, se contentant de termites, miel et feuilles pendant le reste de l'année.

Les chimpanzés, habitant les forêts tropicales ouvertes, construisent leurs nids dans les fourches des arbres, à une dizaine de mètres de hauteur. Mais ils se déplacent en permanence sur le sol à quatre pattes selon un mode quadrupède. Étant donné la grande longueur de leurs bras, ils se meuvent en s'appuyant sur le bord externe des phalanges des doigts, le corps ayant une position légèrement redressée. Ils pratiquent également le déplacement dans les branches à l'aide des bras, ce que l'on appelle la brachiation, mais avec beaucoup moins d'aisance, de célérité et d'acrobatie que les gibbons. A l'occasion, le chimpanzé peut adopter une démarche bipède, mais seulement sur quelques dizaines de mètres. Les lecteurs qui ont vu le film *Link*, une fiction consacrée à l'étude de la psychologie des chimpanzés, auront sans doute été frappés par les prouesses de ce singe. Il se déplace tout au long du film sur ses deux pattes comme un être humain, « singeant » nos habitudes humaines. Cette bipédie est due au fait que Link a été filmé par séquences courtes ; mais lorsque le scénario lui dicte de courir, il est obligé de reprendre le mode de locomotion traditionnel des chimpanzés en s'appuyant sur le bord externe des phalanges. Les chimpanzés ont une nourriture très variée. Préférant les fruits, ils s'accommodent aussi de petits mammifères. Ils se régalent de termites, qu'ils se procurent d'une façon très originale, sur laquelle nous reviendrons plus loin.

Les gorilles vivent dans les forêts tropicales humides et sont beaucoup plus terrestres que les chimpanzés. A l'état adulte, ils font leur nid sur le sol et se nourrissent de feuilles et de tiges tendres. Si les jeunes font parfois leur nid à quelques mètres de hauteur, s'ils se déplacent quelquefois sur deux pattes, les adultes, eux, se déplacent à quatre pattes, à la façon des chimpanzés.

L'homme est le seul primate supérieur à vivre en milieu découvert de savane et de steppe, à avoir acquis une station droite permanente et à se déplacer sur ses deux pieds. L'homme a une nourriture très variée, qui utilise les ressources locales, végétales ou animales. Enfin, l'homme actuel est le seul à se construire des habitations transportables ou permanentes.

Ces différents modes de vie, de déplacement et d'alimentation sont la conséquence des structures du squelette et des muscles. C'est-à-dire qu'avec des fragments du squelette, un os long, un bassin, une dent, les zoologistes et les paléontologistes peuvent évaluer, en véritables détectives de la vie, le mode de locomotion ou les habitudes alimentaires de l'animal. Cette faculté vient d'une découverte faite par le paléontologiste français Georges Cuvier[30-31]. Il avait remarqué que l'organisme formait un tout bien coordonné, et que la forme d'un os lié à une fonction donnée impliquait la forme et les proportions des autres ossements du squelette. Il en avait fait une brillante démonstration devant témoins, sur un squelette fossile, trouvé dans les dépôts tertiaires du gypse de Paris. Les dents visibles étaient celles d'une sarigue, un animal de la famille des marsupiaux. Il avait prévu que cet animal devait avoir un os particulier, appelé os marsupial, qui sert à soutenir la poche dans laquelle ces espèces protègent leurs nouveau-nés. En dégageant la gangue du sédiment, l'os marsupial de cette sarigue fossile apparut effectivement aux yeux des témoins enthousiastes. Cuvier prouvait le bien-fondé de ses déductions, illustrant le véritable métier de détective du passé qui est celui des paléontologistes.

L'un des problèmes majeurs de la paléontologie humaine concerne la façon dont sont apparues la station droite et la marche bipède chez l'homme. Les autres membres de la famille, chimpanzés et gorilles, sont quadrupèdes. Pour bien comprendre cette modification, qui correspond, nous le verrons, à la première phase de l'hominisation, quelques rappels de l'anatomie du bassin et des muscles de la jambe sont nécessaires[32]. La station droite de l'homme est associée à un grand développement des muscles extenseurs de la cuisse, les grands fessiers, muscles qui s'attachent sur les fémurs le long d'une crête osseuse qui n'existe pas chez les singes.

Le bassin de l'homme est large, bas et fortement soudé au sacrum, soutenant les viscères *(fig. 9)*, alors que chez le chimpanzé, il est dorsal et très allongé, renforçant la rigidité de la colonne vertébrale *(fig. 10, page 54)*. L'os iliaque humain est court, et son bord antérieur porte une tubérosité, l'*épine iliaque*, sur laquelle s'attache le *muscle droit de la cuisse*. Cette épine n'existe pas chez le chimpanzé. Le bord postérieur de l'os iliaque humain est découpé par une profonde échancrure, qualifiée de « sciatique », beaucoup plus profonde que chez le chimpanzé. La courbure et l'allongement de la crête de l'os iliaque donnent à l'attache du muscle *grand fessier* une position différente de celle que l'on observe chez les chimpanzés et les gorilles. En effet, chez ces derniers, le muscle *grand fessier* est placé latéralement et sert à replier la cuisse. Chez l'homme, au contraire, la courbure de la crête iliaque a pour effet d'amener ce muscle en arrière de l'articulation de la hanche, ce qui le transforme en muscle extenseur de la jambe. Il joue un très grand rôle dans le maintien de la station debout, la marche et l'ascension des pentes. Son rôle originel, de repli de la jambe, est désormais rempli par le muscle moyen fessier. L'extension durable de la jambe est propre à l'homme. En effet, si le chimpanzé peut redresser la jambe pendant un temps limité, comme on peut le voir chez tous les singes dressés, dont le fameux Link déjà cité, les muscles de repli de la jambe ramènent rapidement le chimpanzé à la position genoux courbés et pliés vers l'extérieur. De plus, chez l'homme, l'orientation des cavités où s'encastrent les têtes des fémurs dans le bassin permet un angle de 100° à 130° entre le col du fémur

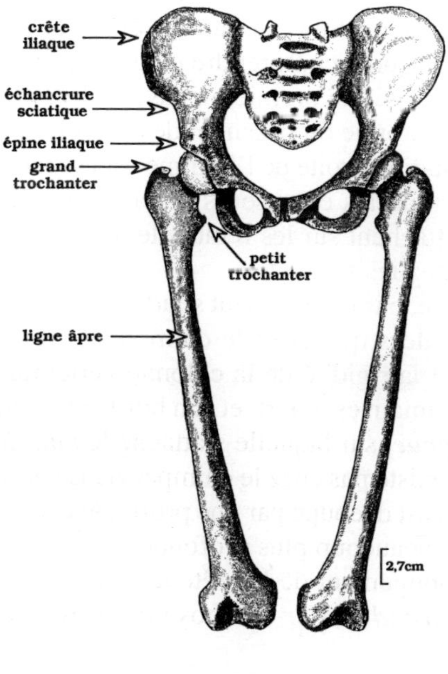

Figure 9 – Bassin et fémurs de l'homme moderne. Le bassin qui soutient les viscères est large et la cavité pelvienne par où passe la tête du bébé à la naissance est élargie. Liés à la marche bipède, les fémurs sont longs.

et le corps du fémur, améliorant ainsi l'équilibre du corps sur les jambes. Ces caractères permettent donc immédiatement de reconnaître si un bassin ou un fémur appartiennent à une espèce quadrupède ou bipède, à un singe ou à un homme.

Nous sommes tous admiratifs devant les prouesses que les chimpanzés réalisent lorsqu'ils se déplacent d'une branche à l'autre en se balançant d'un bras sur l'autre, d'où un désir d'imitation qui a donné naissance au mythe de Tarzan. Elles sont possibles en raison du fait que le chimpanzé a des bras très longs, beaucoup plus longs que les jambes. A l'inverse des proportions humaines, il a une musculature des membres supérieurs exceptionnelle, qui renforce l'attache du bras au corps. Bien qu'ayant perdu cette faculté de brachiation, comme disent les spécialistes, nous avons en commun avec le chimpanzé vingt muscles semblables aux bras, qui sont sans aucun doute l'héritage de notre ancêtre commun. C'est ce qui permet à nos grands spor-

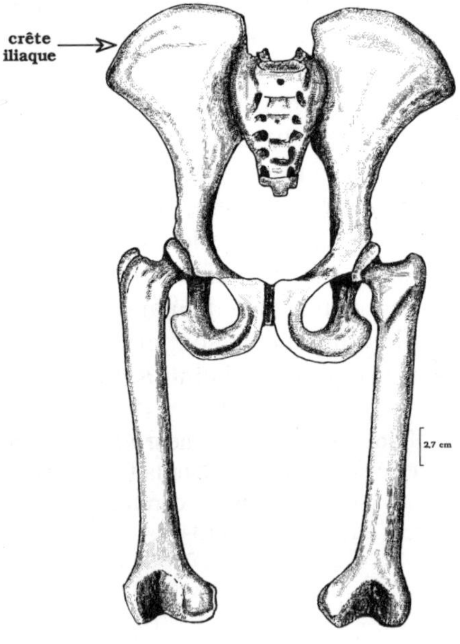

Figure 10 – Bassin et fémurs de chimpanzé. Le bassin très allongé est en position dorsale et ne soutient pas les viscères. Les fémurs sont courts, en liaison avec le déplacement quadrupède.

tifs aux barres fixes d'effectuer des figures enchaînées dignes des plus brillants primates, avec un entraînement qui (re)développe les muscles nécessaires, alors que les chimpanzés le font naturellement.

Des pieds et des mains

Les hommes ont toujours été frappés par l'étonnante possibilité des chimpanzés de pouvoir opposer le gros orteil aux autres doigts du pied, qui très allongés leur permettent la préhension par le pied. Nous avons malheureusement perdu cette propriété, parce que, au cours de l'évolution, notre gros orteil s'est rapproché des autres doigts, s'est agrandi et s'est trouvé enveloppé par des ligaments avec les autres doigts, ce qui rend difficile, voire impossible, les mouvements latéraux. En plus, comme chez l'homme, il y a eu formation d'une voûte plantaire le long du pied, le support du pied s'est déplacé du bord externe vers le bord interne, le poids reposant sur le talon. Cela a eu comme conséquence secondaire de rendre plate l'articulation de la première phalange du gros orteil qui ne peut plus tourner et s'opposer aux autres doigts. Devenir bipède nous a donc enlevé la possibilité de pouvoir écrire avec les pieds ! Si la main a conservé des ressemblances avec celle des chimpanzés, puisqu'elle a un pouce opposable, elle a par contre acquis des spécialisations inconnues chez nos cousins. Libérée de son rôle locomoteur de soutien de la marche à quatre pattes, elle constitue un organe perfectionné de préhension avec des doigts dont la diversification fonctionnelle est très complexe. Par exemple notre pouce, plus long que celui des chimpanzés, possède un muscle qui donne aux mouvements de la main cette précision exceptionnelle. André Leroi-Gourhan[33] a souligné l'importance de ces deux premières caractéristiques de l'hominisation :

> La liberté de la main implique presque forcément une activité différente de celle des singes et sa liberté pendant la locomotion, alliée à une face courte et sans canine offensive, commande l'utilisation des organes artificiels que sont les outils.

Du port de la tête

C'est là, peut-être, que s'affirment avec le plus de force les caractères qui différencient les singes anthropomorphes et l'homme. Les différences de structure observées sont la conséquence directe de la stature droite ou courbée, et de la locomotion bipède ou quadrupède.

Chez le chimpanzé et le gorille, qui marchent à quatre pattes, la tête est portée vers l'avant *(fig. 11, 12)*. De ce fait, le cou renferme des muscles puissants s'accrochant par des crêtes osseuses saillantes à l'arrière du crâne et permettant de résister à la traction du poids de la tête vers l'avant. Le trou occipital, qui relie la tête à la colonne vertébrale, est oblique et situé en arrière. La face est très développée vers l'avant, car la bouche participe à la préhension des aliments. Compte tenu de l'alimentation végétale prépondérante des singes anthropomorphes, les mâchoires robustes sans menton portent deux rangées parallèles de dents de grande taille recouvertes d'une mince couche d'émail *(fig. 13, page 58)*. Les prémolaires inférieures, c'est-à-dire les deux dents situées en avant des trois molaires postérieures et en arrière de la canine, ont des formes et des tailles différentes ; on dit qu'elles sont *hétéromorphes*. La première prémolaire, pointue et haute, ressemble à une canine. La seconde prémolaire, basse, a la

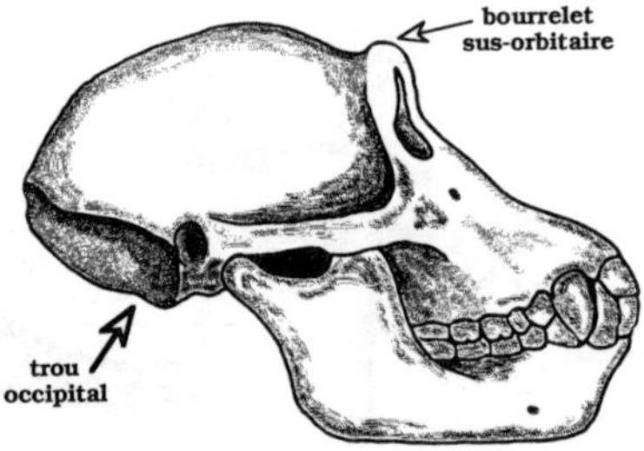

Figure 11 – Crâne de chimpanzé en vue latérale droite. Noter les superstructures crâniennes avec le bourrelet au-dessus des yeux, les crêtes postérieures pour attacher les muscles du cou autour du trou occipital, la face fortement projetée en avant, la canine supérieure qui dépasse le niveau des autres dents.

forme d'une molaire. Les canines puissantes dépassent le niveau des autres dents. Ces mâchoires sont reliées au crâne par les muscles puissants des tempes, qui s'attachent sur les os du crâne, et notamment chez les mâles, plus robustes encore, sur une crête qui suit le sommet du crâne. C'est le cimier appelé par les spécialistes *crête sagittale*. En outre, les yeux sont surmontés par un épaississement osseux, qui, chez les mâles toujours, rejoint la crête précédente en formant un véritable triangle osseux extrêmement résistant. C'est ce que les anthropologues appellent le *bourrelet sus-orbitaire*. Enfin les capacités du crâne chez les singes sont relativement faibles, variant de 295 à 475 cm^3 chez l'orang-outan, de 320 à 480 cm^3 chez le chimpanzé et de 340 à 752 cm^3 chez le gorille.

L'homme, ayant acquis la station droite et la marche bipède, a par nécessité une conformation squelettique très différente. Le crâne, porté au sommet du corps, implique que le trou occipital qui le relie à la moelle épinière soit situé à la base du crâne *(fig. 14, page 59)*. Le cou, n'ayant plus à maintenir une tête en porte à faux vers l'avant, possède une musculature plus réduite s'attachant sur une excroissance osseuse que les spécialistes appellent l'*apophyse mastoïde*. De ce fait, les crêtes situées à l'arrière et sur le sommet du crâne n'existent plus.

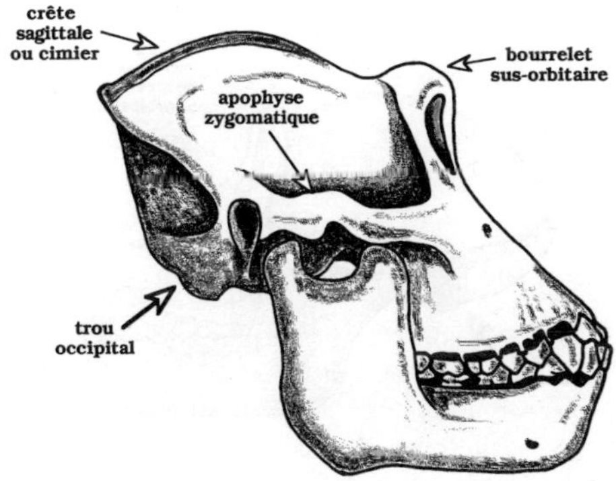

Figure 12 – Crâne de gorille en vue latérale droite. Il présente les mêmes caractéristiques que le crâne de chimpanzé, mais renforcées. Noter la position reculée du trou occipital.

Le front humain est caractérisé par la présence de deux petites bosses, et d'arcades sourcilières légèrement marquées, qui n'ont plus rien à voir avec l'énorme bourrelet des singes. La face et le système masticateur sont réduits. Les dents, plus petites et recouvertes d'une couche épaisse d'émail *(fig. 13)*, sont disposées en un demi-cercle. Les prémolaires inférieures sont très différentes de celles des singes et constituent un bon caractère d'identification. Chez l'homme, ces deux prémolaires ont des formes et des tailles semblables ; on dit qu'elles sont *homomorphes*. Chez l'homme moderne enfin, la capacité crânienne fait un saut considérable, variant d'environ 900 à plus de 2 000 cm^3.

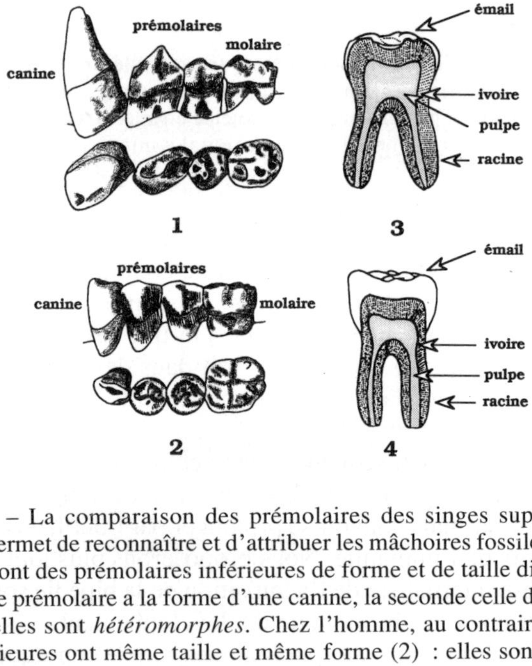

Figure 13 – La comparaison des prémolaires des singes supérieurs et de l'homme permet de reconnaître et d'attribuer les mâchoires fossiles. Les singes supérieurs ont des prémolaires inférieures de forme et de taille différentes (1). La première prémolaire a la forme d'une canine, la seconde celle d'une molaire: on dit qu'elles sont *hétéromorphes*. Chez l'homme, au contraire, les prémolaires inférieures ont même taille et même forme (2) : elles sont dites *homomorphes*. L'épaisseur de l'émail qui recouvre les molaires est variable. Chez les singes supérieurs, la couche d'émail est très mince (3); chez l'homme au contraire, elle est très épaisse (4).

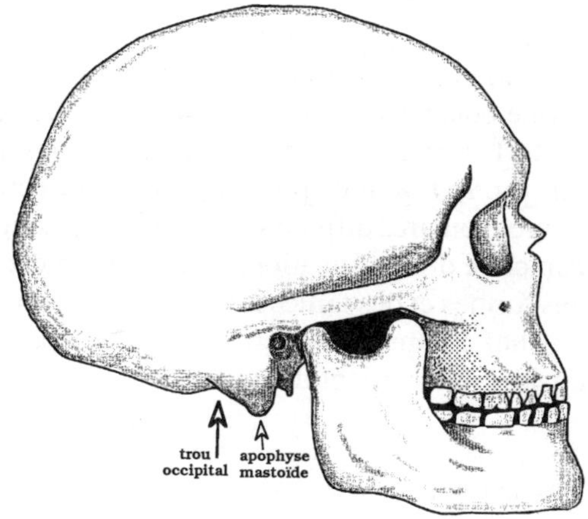

Figure 14 – Crâne d'homme moderne en vue latérale droite. Les caractéristiques des singes supérieurs ont disparu (bourrelet au-dessus des yeux, crêtes osseuses supérieure et postérieure, face projetée en avant). Le crâne très arrondi a une forte capacité crânienne. Le trou occipital a migré à la base du crâne en liaison avec la station droite.

La conclusion qui se dégage simplement de ces comparaisons est que le squelette des singes et de l'homme conditionne la posture, le mode de locomotion, l'alimentation. Les structures du squelette imposent, ou permettent, le mode de vie que les diverses espèces mènent dans leur niche écologique, soit dans des milieux forestiers pour les singes, soit dans des environnements plus généralement découverts pour les hommes. L'un des points majeurs à prendre en compte concerne les conséquences de l'acquisition de la bipédie. Elle a pour corollaire la libération de la main et la réduction de la face. Une main qui va désormais pouvoir se prolonger par l'outil, un des critères fondamentaux de l'humanité. Nous proposerons plus loin (chap. 11) une hypothèse internaliste de l'acquisition de la bipédie sous l'action d'une altération de la chronologie du développement.

Toutes ces différences morphologiques sont la conséquence d'une longue histoire évolutive marquée par une série d'événements dont la paléontologie livre des jalons fossiles, objets du prochain chapitre.

7
La galerie des ancêtres.

Les chapitres précédents nous ont permis de présenter les divers membres vivants de notre famille, les cousins éloignés singes : orang-outan, gorille et chimpanzé. Des formes fossiles ont été évoquées. Parmi elles figurent le fameux ancêtre commun sans nom et cet intermédiaire entre l'ancêtre commun et l'homme, l'australopithèque, un cousin germain. Mais ces espèces constituent seulement l'une des ramifications terminales d'un arbre généalogique beaucoup plus vaste, celui des singes de l'Ancien Monde, que nous allons évoquer maintenant.

Comme dans les arbres généalogiques des rois et des princes, il y a plusieurs branches, portant des noms souvent difficiles à retenir. L'arbre généalogique des singes supérieurs *(fig. 15)* n'échappe pas à ces règles. Les noms qui apparaissent dans l'arbre généalogique comportent généralement une terminaison en *pithèque* qui signifie « singe ». Nous avons par exemple déjà évoqué l' « australopithèque », qui veut dire « singe de l'Afrique *australe* » – pas celui de l'Australie… Rappelons qu'il y a deux branches de singes : ceux qui ont des narines écartées et règnent en maîtres dans le Nouveau Monde, et ceux qui ont des narines rapprochées dans l'Ancien Monde. Notre histoire de famille et notre arbre généalogique concernent exclusivement ces derniers.

Figure 15 – Relations de parenté des singes supérieurs replacées dans leur cadre chronologique et géographique (d'après P. Mein, modifié et simplifié).

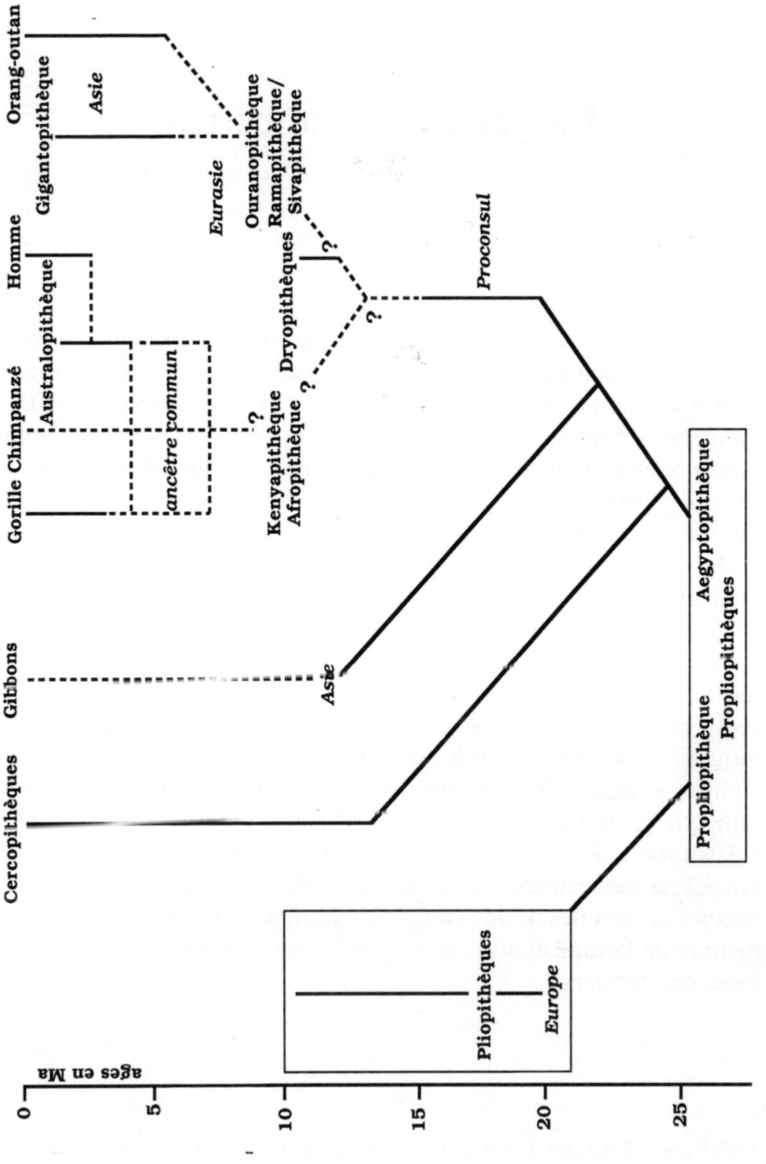
Orang-outan
Gigantopithèque
Asie
Homme
Australopithèque
Chimpanzé
Gorille
ancêtre commun
Eurasie
Ouranopithèque
Ramapithèque/
Sivapithèque
Proconsul
Dryopithèques
Kenyapithèque
Afropithèque
Gibbons
Asie
Cercopithèques
Aegyptopithèque
Propliopithèques
Propliopithèque
Pliopithèques
Europe
âges en Ma
0
5
10
15
20
25

Les plus anciens singes anthropoïdes

Le plus ancien reste de singe appartenant à ce groupe est une dent décrite sous le nom de *Biretia piveteaui* par Louis de Bonis *et al.*[34] dans les dépôts anciens du Tertiaire d'Algérie datés d'une cinquantaine de millions d'années (âge Éocène). Cette découverte renforce l'hypothèse d'une origine africaine de ces singes, alors que d'autres spécialistes évoquent la possibilité d'une émigration venant d'Asie à une époque voisine.

L'histoire paléontologique des singes anthropoïdes est correctement documentée[35] depuis environ 33 millions d'années sur le continent arabo-africain, dans les gisements du Sultanat d'Oman[36] et du Fayoum en Égypte, non loin du Caire[37]. Là, apparaissent des singes appelés respectivement propliopithèque et aegyptopithèque. Ils possèdent une formule dentaire typique des singes anthropoïdes avec deux prémolaires. L'aegyptopithèque *(fig. 16)* était sans doute un quadrupède arboricole frugivore, ayant un crâne de 8 cm de long, où

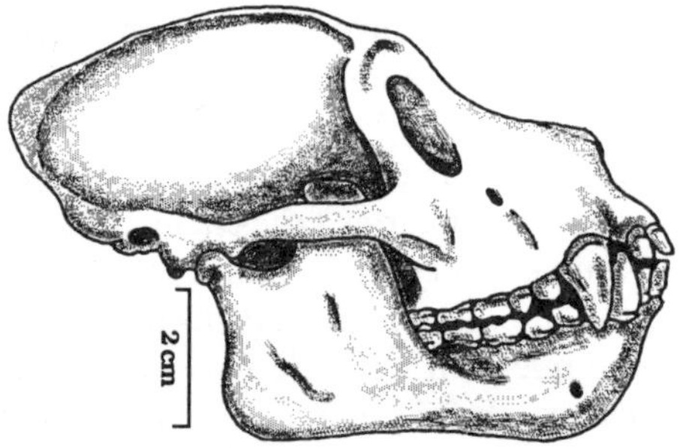

Figure 16 – Crâne d'aegyptopithèque en vue latérale droite. Ce singe, daté d'environ 30 millions d'années, ne présente pas encore les caractères crâniens des singes supérieurs : cimier, bourrelet au-dessus des yeux. Seules les dents, avec les deux prémolaires, sont caractéristiques du groupe des singes anthropomorphes.

la face occupait encore une place très importante, à la manière des singes archaïques lémuriens[37].

Entre les gisements les plus récents du Fayoum, datés de 30 millions d'années, et ceux d'Afrique orientale âgés d'environ 22 millions d'années, existe une très grande lacune dans les archives paléontologiques. Les singes anthropoïdes vont ensuite être retrouvés en diverses régions de l'Ancien Monde, où les migrations ont été possibles grâce aux contacts entre les plaques continentales africaine et eurasiatique. Ils vont ainsi migrer en Europe, il y a quelque 17 millions d'années, et donner naissance à un groupe de singes particuliers, les pliopithèques, qui survivront jusqu'à environ 10 millions d'années[38], conservant des caractères archaïques des propliopithèques. Les pliopithèques renferment le singe de Crouzel, le plésiopithèque et l'anapithèque.

Deux formes ont été trouvées au Kenya dans des sédiments datés de 20 millions d'années[39], qui ont des dents possédant deux crêtes transversales annonçant les singes sans queues, les cercopithèques, macaques et babouins, qui vivent encore en Afrique et en Asie. Il s'agit de *Prohylobates* et du victoriapithèque.

Les gibbons, ces singes champions de l'acrobatie, qui vivent dans les hautes forêts d'Asie du Sud-Est, ont peut-être un ancêtre africain, le dendropithèque, qui aurait ensuite émigré en Asie où il est représenté par le dyonysopithèque en Chine, il y a quelque 10 millions d'années[40].

Avec les fossiles suivants on se rapproche maintenant des singes anthropoïdes avec les découvertes faites dans l'île de Rusinga, sur le lac Victoria au Kenya. On connaît maintenant les restes d'environ 50 individus, plus ou moins complets, datés de 20 millions d'années. Il s'agit d'un singe que l'on a appelé *Proconsul (fig. 17, page suivante)*. Terme curieux, choisi parce qu'il existait au zoo de Londres un célèbre chimpanzé nommé *Consul*, et que les restes du fossile du Kenya étaient supposés représenter son ancêtre ! C'était un quadrupède arboricole qui avait déjà acquis des caractères anthropoïdes. Ses dents dénotent un régime alimentaire semblable à celui des gorilles et des chimpanzés. Ces singes migrent en Europe et en Asie il y a environ 17 millions d'années. C'est l'époque à laquelle le continent africain, antérieurement isolé, entre en collision avec les plaques portant l'Europe et l'Asie, permettant aux animaux de se répandre en Eurasie. Là, ils évoluent en constituant le groupe des singes des chênes, les dryopithèques.

Découverts pour la première fois à Saint-Gaudens dans les Pyrénées, puis en Autriche, en Turquie et aux Indes, dans des dépôts datés entre 13 et 9 millions d'années, les dryopithèques partagent avec les chimpanzés et les gorilles des dents ayant le même aspect et recouvertes d'une mince couche d'émail. Les paléontologistes David Pilbeam et Elwyn Simons les avaient tout d'abord interprétés comme des intermédiaires entre les proconsuls et les chimpanzés et gorilles actuels. Cette idée a été reprise récemment par D. R. Begun, mais aujourd'hui, ils sont plutôt considérés comme un groupe original, qui présentait à cette époque des convergences avec les formes existantes, parce qu'ils devaient vivre dans les mêmes types de milieux et avoir des alimentations voisines. Parmi les arguments à l'appui de cette thèse, les crânes des proconsuls et des dryopithèques n'ont pas les crêtes crâniennes, que nous avons notées chez les anthropoïdes

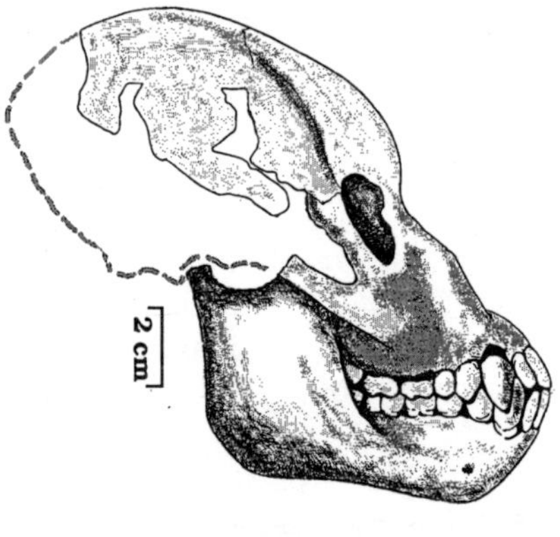

Figure 17 – Crâne de proconsul, une forme ancestrale des singes supérieurs qui vivait entre 20 et 15 millions d'années en Afrique orientale. Le crâne, en vue latérale droite, ne présente pas encore les caractères des chimpanzés et gorilles, notamment le bourrelet au-dessus des yeux. Par contre les dents ressemblent beaucoup à celles des singes supérieurs, ce qui est maintenant considéré comme le résultat d'une convergence et non comme un signe de parenté étroite.

actuels. De plus, un argument de terrain vient étayer cette idée. Si les dryopithèques étaient les ancêtres des gorilles et des chimpanzés, cela impliquerait que les dryopithèques eurasiatiques soient revenus en Afrique, après leur migration en Eurasie. En outre, on n'a jamais trouvé de fossiles attribuables au gorille ou au chimpanzé dans les archives paléontologiques qui séparent les dryopithèques des formes actuelles*. Ce groupe ne serait donc pas l'ancêtre direct des gorilles et des chimpanzés. En 1988 cependant, une équipe de recherche française a découvert en Ouganda la première dent fossile attribuable à un animal proche du gorille, dans des sédiments considérés comme ayant au moins un million d'années. Les archives paléontologiques nous réservent sans doute encore bien des surprises. Car il ne faut pas oublier que, compte tenu des faibles volumes de sédiments prospectés par les paléontologistes – une couche infime par rapport à la masse de dépôts existants –, les plus belles découvertes n'ont sans doute pas été faites… Avis aux amateurs, la paléontologie a encore de beaux jours devant elle.

Des singes de Siva à des singes géants

A la même époque, vivaient en Europe et en Asie d'autres singes anthropoïdes apparentés très intéressants. Ce sont les célèbres sivapithèques, ramapithèques, gigantopithèques[37] et ouranopithèques. Descendants probables de proconsuls émigrés, ils en diffèrent notamment par les deux rangées dentaires, qui divergent vers l'arrière, alors qu'elles sont parallèles chez les proconsuls, et par le développement d'une épaisse couche d'émail sur les dents qui deviennent très larges.

Les sivapithèques, découverts pour la première fois aux Indes, sont

* Cette absence de fossiles tient peut-être au fait que, dans les forêts tropicales humides où vivent actuellement les gorilles et les chimpanzés, les corps ne se conservent pas dans les sols acides s'ils sont enterrés. Ils sont aussi rapidement détruits à la surface du sol par la putréfaction et les micro-organismes qui s'attaquent également au squelette. En outre, Diane Fossey[41], qui a suivi pendant plus de quinze ans ses tribus de gorilles, n'a jamais pu retrouver les cadavres des animaux dont elle constatait la disparition (mort supposée). Mystère de leur disparition ! Cachés subrepticement dans des arbres creux, ou sous les feuilles ?

de grands singes anthropoïdes considérés comme apparentés aux orangs-outans, une relation de parenté confirmée par la découverte de la face de l'un de ces sivapithèques au Pakistan[23]. Mais les sivapithèques pourraient être aussi les ancêtres d'un groupe de singes anthropoïdes géants, les gigantopithèques, qui ont vécu aux Indes depuis 6 millions d'années et se seraient éteints en Chine au Quaternaire, il y a environ 800 000 ans.

Qui sont les gigantopithèques ? Des singes, découverts tout d'abord par le paléontologiste G. H. R. von Koenigswald[42] dans les pharmacies chinoises, sous la forme de dents isolées ; curieux gisements pour des fossiles ! En fait, la pharmacopée chinoise a utilisé depuis des millénaires les fossiles de natures les plus diverses comme remèdes, après les avoir broyés. C'est ainsi que des grottes entières ont été vidées de leur précieux contenu d'animaux préhistoriques pour en faire de la poudre réputée aphrodisiaque ! Les gigantopithèques sont connus par trois mâchoires, qui frappent surtout par leur taille, une fois et demie celle des plus gros gorilles mâles, avec des dents antérieures réduites, mais des molaires énormes à émail extrêmement ridé. Le crâne d'un tel animal devait être impressionnant, et devait avoir notamment, pour mouvoir une telle mâchoire, des muscles masticateurs puissants qui devaient s'insérer sur un cimier en proportion. Cela ne veut pas nécessairement dire que le corps était lui aussi proportionnellement une fois et demie plus grand que celui d'un gorille. Il pouvait être de la même taille. C'est cette découverte qui a fait dire à certains, comme Weidenreich, que l'homme descendait de géants !

Le mystère percé du singe de Rama

Décidément les singes des Indes sont entourés de mystère. Dans les années 1930, un paléontologiste américain, G. Lewis, découvrait à Haritalyangar une mâchoire fossile qu'il nomma « singe de Rama », ou ramapithèque, et auquel il trouva des caractères humains. Son travail non publié fut retrouvé par Elwyn Simons qui reconnut la sagacité de Lewis. Il montra que les ramapithèques possèdent effectivement des caractères dentaires de type humain[37], des incisives implantées verticalement, des canines réduites, l'émail des molaires épais. Simons s'est rendu célèbre dans les années 1970 en présentant les ramapithèques comme les ancêtres des hommes.

En fait, les sivapithèques et les ramapithèques vivaient ensemble, entre 14 et 10 millions d'années, dans les mêmes régions et dans les mêmes sites. On les a découverts en Europe et publiés sous des noms différents : à Rudabanya en Hongrie, M. Kretzoi a décrit en 1975 le rudapithèque de Hongrie, en Grèce à la Tour-la-Reine, dans le site de Pyrgos Wassilissis, G.H.R. von Koenigswald découvre en 1973 une mâchoire qu'il appelle graecopithèque de Freyberg. En Turquie, I. Telkaya décrit à Candir, en 1975, la mâchoire du sivapithèque d'Alpan et, en 1977, Tobien et Andrews recueillent à Pasalar des dents de singes de Siva et de Rama. D. Pilbeam exhume, à Gandakas, au Pakistan, en 1977, une mâchoire de singe de Rama, et en Chine on découvre en 1979, dans le même site, le ramapithèque de Lufeng associé au sivapithèque du Yunnan. La seule grande différence entre les ramapithèques et les sivapithèques concerne la taille et non la morphologie. Ce qui est assez curieux pour des formes considérées comme appartenant à des genres différents.

Il faut faire ici allusion à la façon dont travaillaient les paléoanthropologues, et bien des paléontologues, jusque dans les années 1960, et malheureusement même parfois après. Ils avaient tendance à décrire chaque reste fossile sous un nom de genre et d'espèce distincts, auquel ils attachaient leur propre nom pour la postérité ! Cette « nominomanie » ne tenait pas compte de la variation des individus dans l'espèce. Elle conduirait, si elle était appliquée chez les hommes actuels, à les décrire sous plusieurs noms de genres et un très grand nombre de noms d'espèces, ce qui serait absurde, puisque ces individus peuvent se croiser entre eux. Pour dénoncer cette pratique dépassée, la paléontologiste Nicole Petit-Maire a présenté de façon humoristique, au premier Congrès de paléontologie humaine à Nice en 1982, des restes de victimes de la malaria qui ont des os crâniens très épaissis, sous le nom d'*Homo petitmairensis*... A ces différences, il faut ajouter un fait qui semble avoir échappé à bien des paléoanthropologues, alors qu'il a toujours été évident pour les spécialistes des primates actuels : c'est l'existence, chez la plupart d'entre eux, d'une grande différence de forme et de taille entre les mâles et les femelles, ce que les spécialistes appellent le *dimorphisme sexuel*. C'est-à-dire que bien des fossiles, décrits sous des noms de genre ou d'espèces distincts, ne sont en fait que les mâles et les femelles d'un plus petit nombre d'espèces. On conçoit toutes les conséquences désastreuses qu'ont pu avoir ces excès, en rendant incompréhensible le message de la nature, et notamment l'histoire de l'évolution humaine, par une multiplication inconsidérée du nombre d'espèces. Il ne faut malheureusement pas parler au passé, car ces conceptions, qui ignorent les réalités biologiques, sont encore trop souvent monnaie courante. Nous avons été en 1975, avec mon collègue Didier Marchand, un spécialiste d'ammonites de Dijon qui étudie la variation des individus dans les populations, parmi les premiers à dénoncer ces conceptions. Elles font des espèces fossiles de primates de véritables anormaux biologiques qui n'auraient pas de mâles et de femelles distincts[44]. Petit à petit, notre approche, qui fut considérée alors comme iconoclaste, est prise en compte par les paléoanthropologues qui redécouvrent enfin les réalités biologiques... Mieux vaut tard que jamais ! Revenons ainsi à nos singes de Rama et de Siva qui diffèrent surtout par la taille. Louis de Bonis[45] tout comme David Pilbeam[23] en sont venus à considérer le ramapithèque comme la femelle du sivapithèque. La découverte de la face du sivapithèque[46], qui a confirmé ses relations de parenté étroites avec les orangs-outans, fait désormais du singe de Rama la femelle d'un ancêtre d'orang-outan, lui enlevant sa prestigieuse position d'ancêtre de l'homme.

Mais alors ce fameux ancêtre commun, qui est-il ? D'où vient-il ?

Tous les paléontologistes croient le tenir, mais des études plus approfondies rejettent jusqu'ici les prétendants dans les oubliettes des tiroirs de collections.

Les prétendants malgré eux n'ont pas manqué :

– L'un des plus anciens fut l'oréopithèque. Il s'agit d'un singe fossile découvert au siècle dernier par le paléontologiste français Paul Gervais, mais dont le Suisse Johannes Hürzeler a découvert un squelette complet écrasé, dans un dépôt de lignite à Grossetto en Toscane[47], daté de 7,5 millions d'années. Les aspects de sa mâchoire et de son bassin plaidaient pour une position ancestrale des hommes. Hélas, les dents le rapprochent indiscutablement des singes sans queue (les cercopithèques), si bien que ses caractères humanoïdes sont maintenant considérés comme le résultat de convergences.

– Une mâchoire supérieure, découverte en 1962 à Fort-Ternan au Kenya, dans un dépôt daté de 12,5 millions d'années, et appelée kenyapithèque de Wicker par Louis Leakey et Mukiri, fut présentée comme candidat par ses inventeurs, parce qu'elle présentait des caractères de gracilité rappelant l'homme, des incisives implantées verticalement et surtout une canine réduite. Mais selon Martin Pickford, un paléontologiste anglais qui a étudié de près le proconsul, le kenyapithèque ne serait qu'une femelle de ce singe !

– Un autre singe, l'ouranopithèque, a été découvert par Louis de Bonis et Georges Melentis[48], en Macédoine grecque, dans le gisement du « Ravin de la pluie ». Daté de 10 millions d'années, il présente des caractères qui le rattacheraient, selon de Bonis, aux australopithèques dont nous ferons le portrait plus loin (émail des molaires épais et réduction des prémolaires). Ce fossile est considéré par David Dean et Eric Delson comme synonyme du graecopithèque de Freyberg, déjà évoqué, et considéré comme ancestral des gorilles ou des chimpanzés. Mais la découverte par de Bonis et son équipe[50] d'un grand fragment du massif facial de l'ouranopithèque, à profil concave très caractéristique, plaide plutôt pour une proche parenté de ce fossile avec la lignée des orangs-outans.

– Enfin, l'annonce de la découverte de la mâchoire d'un hominoïdé fossile en Namibie, l'otavipithèque[51], clôt la liste actuelle de la galerie des ancêtres, qui commence il y a un peu plus de 30 millions d'années. Malheureusement, cette mâchoire datée de 12 millions d'années a une structure qui n'a rien à voir avec celle d'un précurseur de l'homme, mais s'identifie à celle d'un singe à queue, un ancêtre de macaque...

– Il faudrait y ajouter un singe mystérieux encore non décrit, mais annoncé sous le nom d'afropithèque, qui présenterait des caractères intéressants. Attendons...

Si l'on essaie de résumer la situation, on peut dire que parmi les fossiles décrits entre 15 et 10 millions d'années, on a découvert l'ancêtre présumé de la lignée des orangs-outans, qui se différencient les premiers *(fig. 18, page suivante)*. Le véritable ancêtre commun aux chimpanzés, gorilles et hommes a dû vivre dans le laps de temps entre 10 et 4 millions d'années, période pour laquelle on a trouvé très peu de fossiles, quelques dents et un fragment de mâchoire en Afrique.

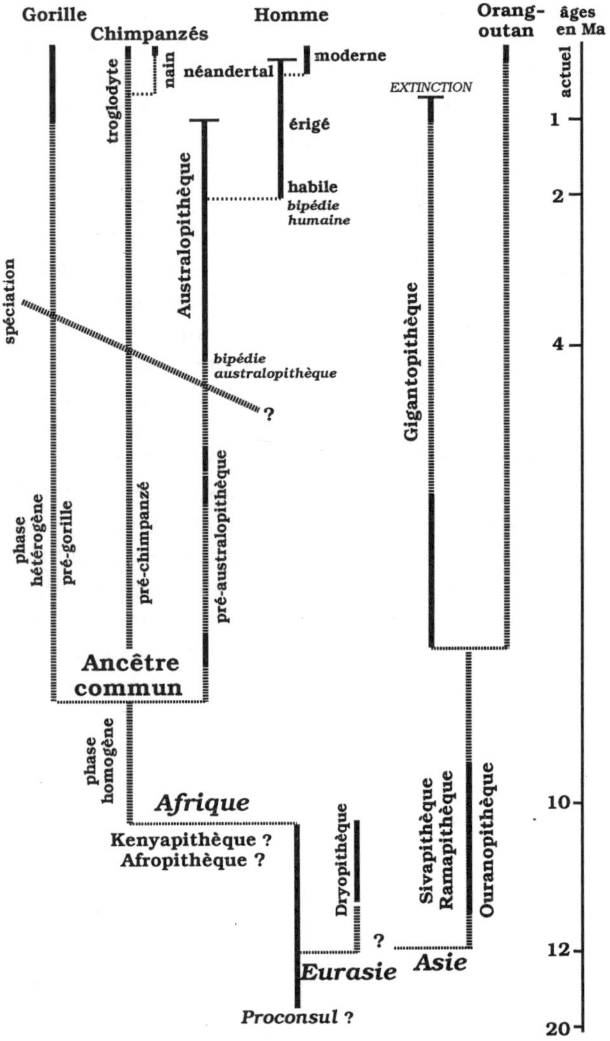

Figure 18 – Relations de parenté entre les singes supérieurs replacées dans un contexte chronologique et géographique. Le schéma intègre le modèle d'ancêtre commun à trois composantes (pré-gorille, pré-chimpanzé et pré-australopithèque).

Nous avons vu que les données des gènes et des chromosomes impliquaient cet ancêtre commun et que nous pouvons même en déduire sa formule chromosomique. Mais il y a cette lacune paléontologique de 6 millions d'années ! A cela, deux raisons majeures. La première tient au fait que les dépôts de la fin du Tertiaire, où peuvent se trouver les fossiles de l'ancêtre commun, se situent en Afrique, sous la forêt tropicale humide actuelle où les restes organiques se conservent très mal. Les rares fossiles proviennent de la forêt tropicale ouverte, et surtout des savanes où la sécheresse est un facteur favorable à la fossilisation. Les fossiles ont été généralement trouvés en très petit nombre et dans des états très fragmentaires. Si bien que selon les caractères disponibles, ils suggèrent parfois des relations de parenté qui se révèlent fausses lorsque l'on découvre des fossiles plus complets, à l'exemple du sivapithèque et de l'ouranopithèque.

Mais comme je l'ai dit plus haut, les plus belles découvertes paléontologiques n'ont pas encore été faites. Il faut donc multiplier les expéditions, ce qui coûte fort cher en argent, en temps et en investissement des chercheurs, sans oublier la rareté du coup de chance exceptionnel. Trouver une aiguille dans une botte de foin est un jeu d'enfant à côté de la difficulté de l'opération « ancêtre commun ».

Dérivés de cet ancêtre commun encore insaisissable, il y a les pré-chimpanzés et les pré-gorilles d'une part, qui donneront naissance à nos cousins éloignés des forêts d'Afrique, et les pré-humains d'autre part, les fameux australopithèques, ces cousins germains dont nous allons retracer la généalogie.

8
Les cousins germains, le chaînon manquant.

En reconstituant l'arbre généalogique de la famille, grâce à l'étude des chromosomes, nous avons vu qu'à partir de l'ancêtre commun, il y avait eu, semble-t-il, une étape d'éclatement géographique en plusieurs populations ayant le statut de sous-espèces, respectivement pré-chimpanzé, pré-gorille et pré-humaine. De cette étape, nous avons la chance d'avoir découvert le fossile qui correspond au groupe pré-humain, celui de l'australopithèque, le singe d'Afrique australe. Nous le décrirons en suivant la chronologie des découvertes[35] et les cheminements des interprétations.

L'australopithèque ou singe bipède, les découvertes

Le premier australopithèque a été publié en 1925 par l'anatomiste Raymond Dart. Une de ses étudiantes, J. Salmons, lui avait apporté un crâne de babouin qui traînait sur la cheminée d'un de ses amis, crâne qui provenait d'une carrière du village de Buxton, en bordure du désert du Kalahari à proximité de la station de chemin de fer de Taung. Il s'agissait d'un ancien remplissage de grotte d'où R. Young, un collègue de Dart, rapporta un bloc fossilifère contenant la partie faciale d'un jeune primate avec, à l'arrière, un moulage naturel de l'intérieur de la cavité crânienne.

Ce crâne réservait bien des surprises, et ce fut le mérite de Dart de reconnaître en lui un singe très spécial possédant des caractères humains. Le crâne, publié sous le nom d'australopithèque africain[52], était celui d'un jeune primate de 5 à 7 ans possédant sa première dent définitive. Il avait une face assez humaine, moins projetée en avant que celle d'un chimpanzé du même âge, les dents disposées en demi-cercle, une capacité crânienne aussi grande que celle d'un gorille. Et surtout, le trou occipital, par où passe la moelle épinière qui se poursuit dans la colonne vertébrale, était en position intermédiaire entre celle du gorille et celle de l'homme. Cette dernière caractéristique, essentielle, impliquait que l'australopithèque était un singe avec une stature verticale, un singe véritable bipède !

Les nouvelles découvertes sont rarement admises d'emblée par la communauté scientifique. Le crâne de l'australopithèque africain fut l'objet de vives controverses. Les conclusions de Dart ne furent admises, que lorsque les paléontologues Robert Broom et John T. Robinson découvrirent dans la grotte de Sterkfontein, près de Johannesburg, le crâne d'un adulte. Ce fossile, publié en 1936 sous le nom de plésianthrope du Transvaal, était en fait un adulte d'australopithèque possédant des caractères simiesques beaucoup plus accentués que ceux du jeune de Taung. Face très projetée en avant et bourrelet au-dessus des yeux très développé étaient associés aux caractères humanoïdes déjà évoqués, trou occipital en position intermédiaire entre celle du gorille et celle de l'homme, dents disposées en demi-cercle, capacité crânienne supérieure à celle des singes anthropoïdes actuels. Telles sont les caractéristiques de ce fossile surnommé depuis « Miss Ples » (-ianthrope) *(fig. 19, page suivante).*

Deux ans plus tard, Broom fouille la grotte de Kromdraai à proximité de Sterkfontein, et découvre un nouveau spécimen qu'il appelle d'un nouveau nom de genre et d'espèce, le paranthrope robuste. Cet animal avait globalement les mêmes caractères que l'adulte de Sterkfontein : même emplacement du trou occipital et même forme de la denture. Mais d'autres caractères étaient beaucoup plus accentués, comme le très gros bourrelet sus-orbitaire qui se rattachait vers l'arrière à une forte crête longitudinale, que nous avons déjà observée chez les gorilles et les chimpanzés, le fameux cimier correspondant à la crête sagittale *(fig. 20, page 75).*

Déjà trois noms pour les australopithèques, la multiplication des noms était en action, et une question que personne ne se posait : les australopithèques présentaient-ils un dimorphisme sexuel ? Les mâles étaient-ils différents des femelles ?

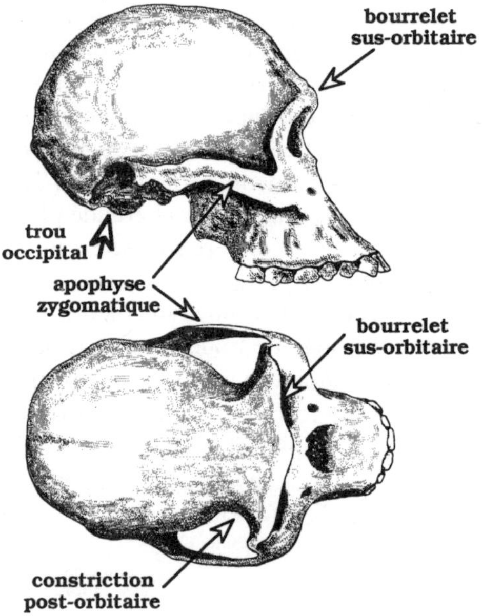

Figure 19 – Crâne d'australopithèque gracile, Miss « Ples » du site de Sterkfontein (Afrique du Sud) en vue latérale droite (en haut) et supérieure (en bas). Remarquer la face encore fortement projetée en avant, le bourrelet au-dessus des yeux et la large ouverture de l'arcade zygomatique par où passent les muscles masticateurs (d'après F.C. Howell, modifié).

En 1948, Dart exhuma à Makapansgat un autre fragment d'australopithèque qu'il appela d'un nouveau nom, le quatrième, australopithèque prométhée, imaginant sans aucun argument sérieux qu'il avait inventé le feu ! Ce fut le début d'une véritable « Dartomanie » qui, pour prouver à tout prix que l'australopithèque était l'ancêtre de l'homme, versa dans la paléofiction, voyant partout dans l'environnement australopithèque les traces d'une réflexion humaine, ici le feu, là des bois brisés d'antilope pris pour des outils, les fameux « Dartefacts » : artefact signifiant « outil » en anglais, mais aussi construction (scientifique) fictive, d'où le jeu de mots de nos collègues anglo-saxons. En 1949, Broom découvre dans la grotte de Swartkrans, encore à proximité de Sterkfontein, le paranthrope robuste. La même année, il décrit avec J. T. Robinson une mâchoire plus gracile, le télanthrope du Cap, un cinquième nom… Les mêmes auteurs décriront en 1952 une sixième espèce, un paranthrope…

Désormais les découvertes vont se déplacer en Tanzanie, dans les gorges d'Olduvai sur le bord sud-est de la grande plaine du Serengeti, où Louis et Mary Leakey ont ouvert en 1951 l'un des chantiers de fouilles les plus prestigieux.

En 1959, c'est la découverte d'un crâne bien conservé qui prendra le nom, le septième, de singe de l'ancienne Afrique, le zinjanthrope de Boise[53]. Le crâne est très robuste, caractérisé par un cimier très marqué formant avec un fort bourrelet sus-orbitaire un triangle

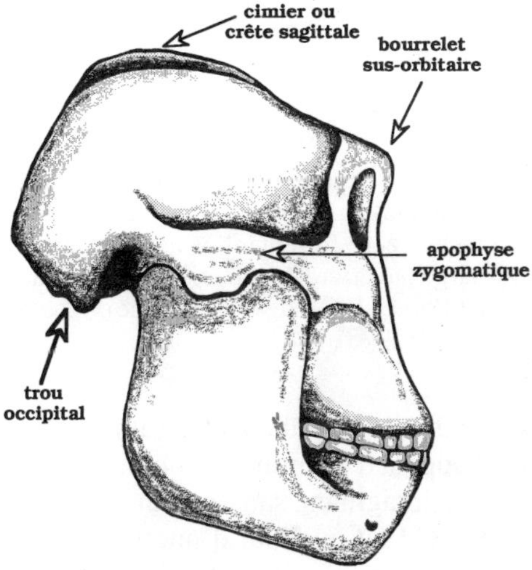

Figure 20 – Australopithèque robuste en vue latérale droite (reconstitution). Remarquer la face fortement projetée en avant, la très forte mâchoire, la crête au-dessus du crâne (sagittale) et le bourrelet épais au-dessus des yeux.

osseux renforçant le crâne *(fig. 21)*. La face est plate, légèrement déprimée. Mais ce qui frappe le plus lorsque l'on regarde le crâne par le dessus, c'est l'élargissement de l'arcade latérale (appelée *arcade zygomatique*) par où passent les muscles qui attachent la mâchoire au sommet du crâne. Elle est aussi développée que celle des carnivores, par exemple du tigre. C'est dire si les australopithèques devaient avoir un régime impliquant une forte mastication, plus importante que celle des gorilles actuels.

L'intérêt supplémentaire de ce crâne vient du fait que pour la première fois on avait un âge à proposer : 1 750 000 ans ! Alors que les australopithèques des grottes de l'Afrique australe sont mal datés, par des associations de faunes mal calibrées dans l'échelle des temps géologiques, ceux d'Olduvai sont datés avec précision. Car ces dépôts renferment des cendres volcaniques qui peuvent être datées par les méthodes de datation physique, qui utilisent la désintégration des corps radioactifs. L'âge est obtenu en calculant la proportion de potassium par rapport à l'argon contenu dans divers cristaux formés au

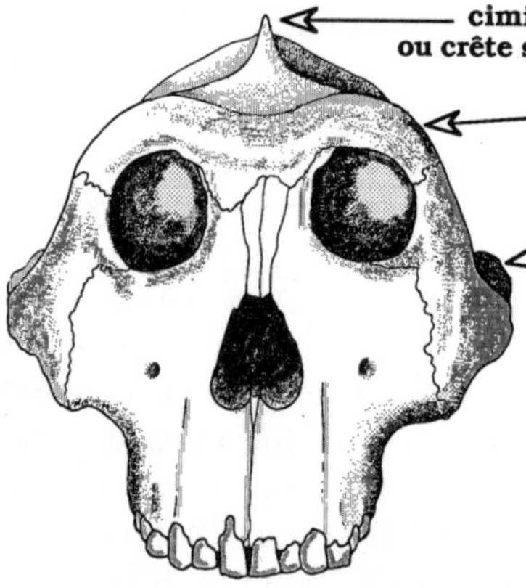

Figure 21 – Australopithèque robuste découvert à Olduvai. Ce crâne, vu de face, est surtout remarquable par la forte crête située au-dessus du crâne (sagittale), la face large et le grand écartement des apophyses zygomatiques par où passent des muscles masticateurs puissants (d'après E. Genet-Varcin, modifié).

moment de l'éruption volcanique, le potassium se désintégrant régulièrement en argon.

En 1964, nouveaux feux sur le site d'Olduvai pour célébrer la découverte d'une mâchoire, de fragments de crâne et de dents de petite taille attribués par L. Leakey, P. Tobias et J.R. Napier au plus ancien vestige de la lignée humaine, le fameux homme habile[54] dont nous parlerons au chapitre suivant.

En 1965, à Yayo, au nord du Tchad, Françoise Coppens découvre parmi un matériel fossilifère une face d'hominidé, tellement roulée dans une rivière à une époque récente, qu'il est difficile de dire à quelle espèce elle peut appartenir. Malgré tout un huitième nom est proposé, le tchadanthrope.

En 1967, une première expédition française dans la vallée de l'Omo en Éthiopie, dirigée par Camille Arambourg, aboutit à la découverte d'une mâchoire de taille robuste qui recevra un neuvième nom, le paraustralopithèque éthiopien. Le site livrera ultérieurement à Yves Coppens, qui prend la suite des recherches, de nombreux ossements, dont un os du coude complet, un cubitus de très grande taille (315 mm), plus grand que tous les cubitus humains connus. Ce qui implique que l'australopithèque, avec sa petite taille de 1,10 à 1,40 m, avait des bras très longs, comme le chimpanzé actuel. La vallée de l'Omo livrera aussi des fragments de crâne, des dents, mais malheureusement pas de crâne complet[55].

Dès 1968 commencèrent des prospections au Kenya autour de l'ancien lac Rodolphe, maintenant appelé lac Turkana, sous la direction du fils de L. Leakey, Richard. Trois mâchoires en 1968, deux crânes en 1969 décidèrent R. Leakey à ouvrir un programme de recherche international à l'est du lac Turkana, à Koobi Fora. Et enfin, pour la première fois, chaque reste reçut un numéro d'inventaire, leur nature étant déterminée ensuite. Sur plusieurs milliers de restes d'hominidés, figuraient six crânes bien conservés, trois australopithèques (crânes 406, 732 et 1813) *(fig. 22, page suivante)* et trois hommes archaïques (crânes 1470, 3733 et 3889) datés entre 1,8 et 1,5 million d'années par les méthodes physiques[56].

Si l'on ajoute à ces restes la mâchoire robuste de Peninj près du lac Natron, les mandibules graciles du gisement de Laetoli en Tanzanie, où A. Hill et M. Leakey mettaient au jour en 1979 deux pistes

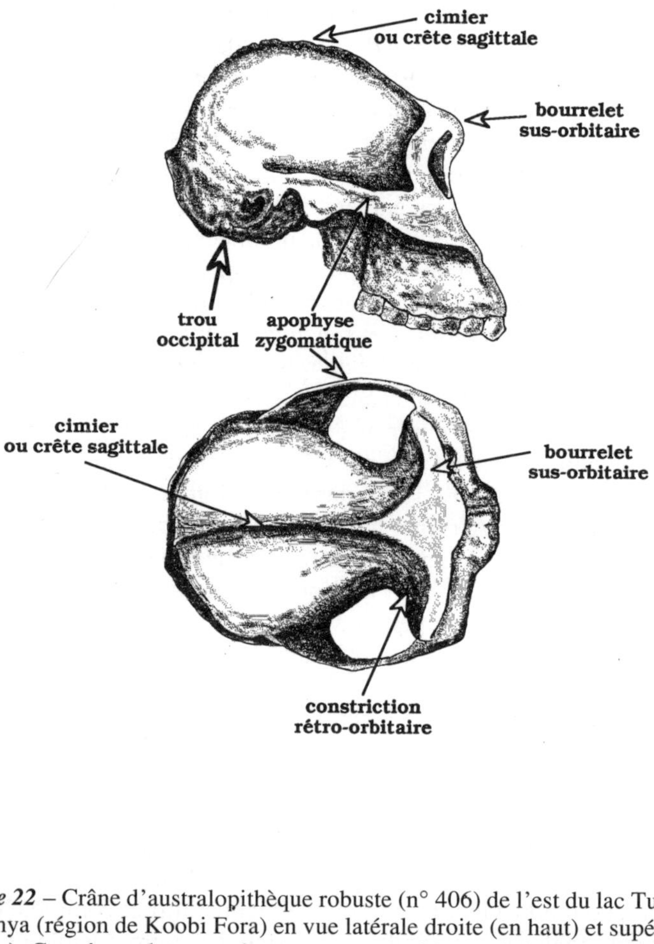

Figure 22 – Crâne d'australopithèque robuste (n° 406) de l'est du lac Turkana au Kenya (région de Koobi Fora) en vue latérale droite (en haut) et supérieure (en bas). Ce crâne robuste typique est remarquable par le bourrelet épais au-dessus des yeux, la forte crête au-dessus du crâne, et surtout par le grand élargissement des arcades zygomatiques qui laissent passer des muscles masticateurs de grande taille. Noter le rétrécissement du crâne en arrière du bourrelet sus-orbitaire, la constriction rétro-orbitaire (d'après F. C. Howell, modifié).

d'empreintes de pas d'australopithèques fossilisées dans des cendres volcaniques datées de 3,6 millions d'années[57], on se rendra compte de l'importance des découvertes réalisées par la famille Leakey.

Dans les années 1970, un géologue français du CNRS, Maurice Taieb, établissait la succession des couches de la région de Hadar dans la dépression de l'Afar en Éthiopie. Ses prospections furent suivies par des expéditions franco-américaines dirigées par Y. Coppens et Donald Johanson qui aboutirent, à partir de 1975, à la découverte de nombreux restes d'australopithèques, dont le très célèbre squelette de « Lucy ». Ces vestiges très anciens et les mandibules de Laetoli en Tanzanie, datés entre 4 et 3 millions d'années, reçurent en 1978 un dixième nom, celui de l'australopithèque des Afars[58]. Y. Coppens le distingue sous le nom de genre informel de « pré-australopithèque ». Outre le bassin bien conservé et très intéressant, Lucy avait des bras presque aussi longs que ceux des chimpanzés : une confirmation de la découverte de l'Omo. Le plus ancien reste d'australopithèque connu actuellement est daté d'environ 4 millions d'années, il s'agit d'une portion de genou mise au jour par l'équipe de Johanson.

Dart avait montré dès 1925 que la position du trou occipital des australopithèques d'Afrique du Sud impliquait que ceux-ci avaient une stature droite et avaient acquis la marche bipède. La découverte du bassin de Lucy daté de 3 millions d'années, les deux pistes de Laetoli à 3,6 millions, le genou à 4 millions confirmaient de façon magistrale ces déductions. Les plus anciens australopithèques étaient donc déjà bipèdes.

Depuis ces découvertes, les prospections se sont ralenties pour des raisons politiques, notamment en Éthiopie. La seule trouvaille importante récente est celle faite par A. C. Walker en 1985 à l'ouest du lac Turkana à Lomekwi 1, d'un fossile appelé le « crâne noir » et daté de 2,5 millions d'années[59]. Il s'agit d'un crâne fragmentaire d'aspect robuste, avec une face large, déprimée et des dents énormes. Le surnom de crâne noir vient du fait que la reconstitution complète de ce crâne a été réalisée avec de la pâte à modeler noire, visible uniquement sur un cliché en couleur. Celui qui a reconstitué le crâne l'a doté d'une superbe crête longitudinale, un cimier exceptionnel, qui n'existait peut-être pas dans la réalité ; les photographies en noir et blanc peuvent donc être fort trompeuses !

Les singes bipèdes, le bilan

Les restes d'australopithèques sont donc nombreux et devraient permettre de s'en faire une idée raisonnable. Malheureusement, nous avons vu que dix noms de genres ou d'espèces avaient été utilisés pour les décrire. Essayons d'y voir un peu plus clair. Pour cela, adoptons une démarche de biologiste du passé, de paléobiologiste.

Premier point, les australopithèques apparaissent il y a au moins 4 millions d'années et s'éteignent il y a environ 1 million d'années. Ils ont donc une durée de vie de 3 millions d'années.

Deuxième point, l'aspect du crâne est encore celui d'un singe anthropoïde *(fig. 22)*. Aussi étonnant que cela puisse paraître, un fragment de mâchoire supérieure trouvé à proximité de Lucy a montré que le palais et les dents diffèrent surtout de ceux d'un chimpanzé par la deuxième incisive latérale beaucoup plus petite, et par des canines également réduites *(fig. 23)*. Tous les crânes adultes décou-

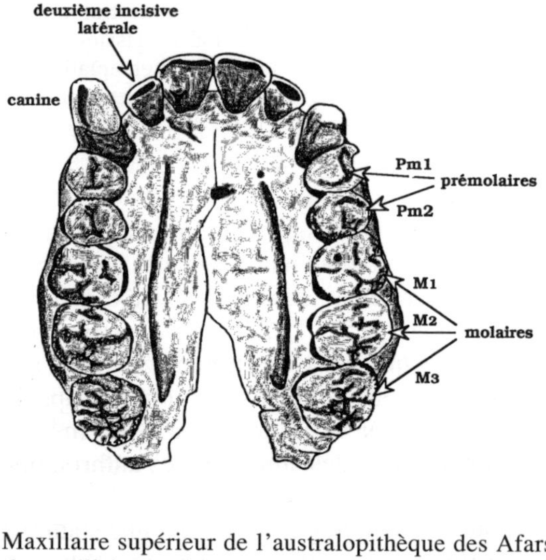

Figure 23 – Maxillaire supérieur de l'australopithèque des Afars. Ce dessin démontre que le maxillaire supérieur de l'australopithèque archaïque diffère du chimpanzé seulement par la réduction de moitié de la seconde incisive latérale (d'après un moulage).

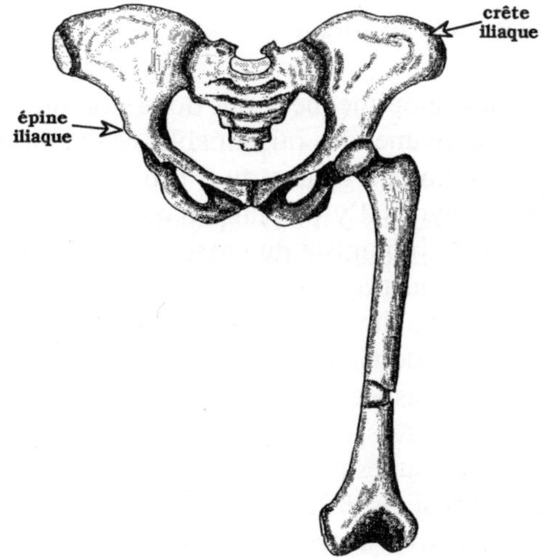

Figure 24 – Reconstitution du bassin de Lucy, un australopithèque des Afars. La bassin a été reconstitué selon les méthodes classiques de symétrie. Ce bassin avait comme caractéristique d'être très élargi, aplati. Une structure qui conférait à l'australopithèque une démarche bipède encore imparfaite. Le fémur avait les mêmes proportions que celui du chimpanzé (d'après C. Berge *et al.*, 1984).

verts ont un aspect de singe, ressemblant même plus au gorille qu'au chimpanzé, avec un large cimier sur la tête, des arcades orbitaires très larges et un fort bourrelet au-dessus des yeux. Celui du jeune de Taung montre cependant, à âge égal, des caractères simiesques beaucoup moins accentués que ceux du chimpanzé. Nous aurons l'occasion de revenir plus loin sur cette observation. La capacité crânienne des australopithèques, qui varie de 350 à 650 cm^3, entre dans la frange de variation de celle des autres singes anthropomorphes (280 à 750 cm^3).

Troisième point, ce sont des êtres qui ont une stature droite et ont acquis la marche bipède. Mais attention, la forme du bassin, très aplati, est cependant différente de celle de l'homme moderne *(fig. 24)*, si bien que cette marche bipède était loin d'être aussi parfaite que la nôtre.

Elle doit donc être qualifiée de « démarche australopithèque ». Le déplacement se faisait par un mouvement de balancement, de rotation des hanches de gauche à droite (style chaloupé), ne permettant pas une course rapide, surtout avec des bras sensiblement aussi longs que ceux d'un chimpanzé ! C'est pourquoi l'expression « singe bipède » décrit parfaitement les australopithèques. C'est-à-dire que le singe bipède constitue l'un de ces fameux chaînons manquants tant recherchés, un véritable intermédiaire entre l'ancêtre commun et le genre humain.

Quatrième point, le plus difficile et donc le plus âprement discuté : combien y a-t-il eu de genres et d'espèces d'australopithèques depuis leur origine jusqu'à leur extinction ? Là, les points de vue des spécialistes divergent selon la conception qu'ils ont de l'espèce. La biologie nous apprend que toutes les espèces présentent une certaine variabilité morphologique. Il faut distinguer, dans la variabilité globale, la part qui revient aux différences sexuelles entre les mâles et les femelles, celle qui reflète l'étendue de la variation morphologique d'ordre géographique (entre l'Afrique du Sud et celle de l'Est), et enfin celle qui revient à l'évolution du groupe dans la quatrième dimension, celle du temps. Dans un premier temps, considérant qu'une petite différence de forme indiquait l'existence d'une espèce distincte, sans tenir compte du fait que les espèces actuelles montrent presque toujours une forte variabilité dans ce domaine, les spécialistes ont multiplié abusivement les noms d'espèces. Ce point de vue tend heureusement à disparaître. L'interprétation dépend aussi de la façon dont sont envisagées les variations liées au sexe chez les mâles et les femelles, et leurs ampleurs qui varient effectivement d'une espèce à l'autre. Elles sont toujours très fortes chez les singes anthropoïdes, plus faibles chez l'homme moderne.

Il semble y avoir un consensus de la plupart des paléontologues pour reconnaître l'existence d'un seul genre, le genre australopithèque. Mais pour le nombre d'espèces la plus grande confusion règne encore. Qu'observons-nous ? Les archives paléontologiques nous montrent la présence de deux types d'adultes. Certains individus possèdent un bourrelet sus-orbitaire, mais pas de cimier et ont un aspect gracile, comme « Miss Ples » de Sterkfontein en Afrique du Sud et les crânes graciles du lac Turkana (crâne 732). D'autres ont un bourrelet au-dessus des yeux, très développé et se raccordant avec un cimier marqué en formant un véritable triangle osseux sur le crâne. Le crâne possède en outre des arcades latérales très élargies pour laisser passer les muscles puissants attachant une mâchoire puissante. Ces crânes à l'aspect massif sont ceux des grottes de Kromdraai et de Swartkrans (paranthrope) en Afrique du Sud, d'Olduvai (zinjanthrope) en Tanzanie, du lac Turkana au Kenya (crâne 406), et les grandes mâchoires de la vallée de l'Omo (paraustralopithèque), et du Kenya (Peninj) en Afrique de l'Est.

Pour comprendre la signification de ces différences, il faut faire des comparaisons avec ce que l'on connaît chez les autres singes anthropoïdes. Surprise, ces deux types de caractéristiques existent aussi chez les orangs-outans, les gorilles et les chimpanzés. Là, ils permettent de distinguer simplement les femelles des mâles ! Les singes bipèdes seraient-ils des anormaux au point de vue de la différenciation sexuelle ? La discussion sur le sexe des australopithèques serait-elle du même ordre que celle sur le sexe des anges ? En ce qui concerne le nombre d'espèces, il y a plusieurs conceptions. La plupart des spécialistes admettent l'existence de quatre espèces, respectivement l'australopithèque des Afars (Afrique orientale), l'australopithèque robuste d'Afrique du Sud, l'australopithèque de Boise (Afrique orientale) et l'australopithèque africain d'Afrique du Sud[60].

Avec Didier Marchand[61], nous reconnaissons une seule espèce présentant une variation au cours du temps, avec trois degrés évolutifs successifs. L'australopithèque des Afars est le plus ancien, entre 4 et 3 millions d'années, l'australopithèque africain lui succède entre 3 et 2 millions d'années, et enfin l'australopithèque robuste se développe entre 2 millions d'années et son extinction il y a 1 million d'années. La dernière question à laquelle il faut répondre concerne les variations liées à leur répartition géographique en Afrique. Pour les paléontologistes qui attachent beaucoup d'importance aux caractères plus ou moins robustes des spécimens, l'individu d'Olduvai, le zinjanthrope, paraît plus massif que celui d'Afrique du Sud. Ce détail suggérerait une certaine différenciation entre l'Afrique de l'Est et l'Afrique du Sud, idée renforcée par la découverte du « crâne noir » au Kenya. Cette conception peut se concrétiser par la reconnaissance soit de deux espèces contemporaines distinctes (le singe robuste en

Afrique du Sud et le singe de Boise en Afrique orientale), soit de deux sous-espèces. Cette dernière interprétation est plus conforme à la biologie des anthropoïdes actuels.

Les plus grandes différences observées entre les crânes (cimier, bourrelet au-dessus des yeux, crâne plus ou moins arrondi, taille des canines et autres dents) semblent pouvoir être interprétées comme la distinction toute simple entre femelles et mâles, mais sur elles se greffent des différences dues au temps, aux 3 millions d'années de leur existence. C'est le même problème que pour les singes de Rama et de Siva et celui de tous les singes anthropoïdes. On a objecté à cette interprétation, que nous avons proposée dès 1975, qu'en Afrique du Sud, les grottes de Kromdraai et de Swartkrans ne renfermeraient que des mâles robustes. Or compte tenu du nombre très faible d'individus découverts, cette objection n'a pas de valeur d'un point de vue statistique. De plus, cette remarque est assez mal fondée, si l'on se rappelle qu'à Swartkrans la forme plus gracile existe, mais qu'elle a été décrite sous le nom de télanthrope du Cap !

On observe là toutes les perversions permises par la multiplication des noms, qui entrave la compréhension des fossiles. A Olduvai, de l'aveu même de M. Leakey lors du premier Congrès de Paléontologie humaine à Nice en 1982, certains fragments osseux ayant servi à décrire l'homme habile ressemblent étrangement aux formes graciles d'Afrique du Sud ! Cela signifie qu'il est difficile de séparer les formes femelles adultes d'australopithèques des formes adultes d'hommes habiles, surtout lorsque l'on ne dispose que de restes très fragmentaires. Si bien que des restes d'australopithèques se cachent sans aucun doute derrière des attributions aux hommes habiles et réciproquement. Cette difficulté crée une belle pagaille chez les spécialistes des australopithèques. C'est ainsi qu'un des crânes graciles du lac Turkana (crâne 1813) est attribué par certains à l'homme habile et par d'autres à l'australopithèque, et que parmi les fossiles d'Olduvai certains spécimens (hominidés 8 et 35), autrefois rangés parmi les hommes habiles, sont maintenant considérés comme appartenant à l'australopithèque de Boise.

Le bilan ? Une espèce de singes bipèdes avec des mâles et des femelles ! Mais cette espèce évolue au cours du temps et manifestement les spécimens les plus anciens semblent bien plus petits que les plus récents. De sorte que l'on peut envisager une lignée de singes bipèdes qui au cours du temps a acquis une plus grande taille, renforçant ainsi peu à peu son aspect robuste. Et on peut admettre, par pure convention, que les trois espèces, « des Afars », « africaine » et « robuste », correspondent en fait à trois degrés évolutifs successifs traduisant les changements de la lignée en 3 millions d'années.

Mais cette vision ne tient pas suffisamment compte de la variation individuelle des populations de singes bipèdes et là, il faut clairement dire que malgré l'abondance des restes, ceux-ci sont statistiquement insuffisants pour pouvoir faire la part de ce qui revient à la variation interne des populations, et de ce qui ressort des différences géographiques. Seules les variations liées au sexe et au temps peuvent être appréciées.

Cette interprétation biologique n'est pas encore partagée par tous nos collègues paléoanthropologues, très embarrassés par ces variations des singes bipèdes. D'autant plus que ces variations se chevauchent parfois, comme nous l'avons vu, avec celles de certains spécimens qui appartiennent indiscutablement à la lignée des hommes, que nous allons évoquer maintenant.

9
Les anciens du cercle de famille.

L'ancienneté de la lignée humaine a été longuement débattue depuis Darwin et au fur et à mesure que progressait notre connaissance des fossiles et de leurs âges. On s'accorde aujourd'hui à penser que notre lignée s'est individualisée en Afrique il y a environ 2 millions d'années.

Comment définir le genre *Homo* ? La question n'est pas aussi simple qu'on pourrait le croire. Vercors a posé le problème de façon très pertinente dans *Les Animaux dénaturés*, le seul critère humain indiscutable lui paraissant être la possession de « gris-gris », symbole de l'expression d'une pensée réfléchie abstraite. Caractère qui se traduit, du point de vue paléontologique et préhistorique, par une forte capacité crânienne et l'acquisition d'une culture. Entre autres critères, il faut ajouter, toujours du point de vue paléontologique, la réduction de la face et du système masticatoire (mâchoires et dents, plus particulièrement les prémolaires de même taille et même forme), l'épaississement des os du crâne, la diminution du rétrécissement crânien situé en arrière du bourrelet sus-orbitaire (dit rétro-orbitaire), et l'acquisition de la bipédie humaine, beaucoup plus complète que celle de l'australopithèque, marquée par le déplacement vers l'avant du trou occipital.

Un consensus général s'est établi sur l'existence d'un groupe d'hommes archaïques, rassemblant, des plus anciens aux plus récents, les hommes habiles, les hommes érigés et les hommes de Néandertal[35]. La position des hommes modernes auxquels nous appartenons est encore très controversée. Les dernières données scientifiques suggèrent de les placer à part ; nous y reviendrons plus loin.

Les hommes habiles d'Afrique

L'homme habile a été décrit pour la première fois à Olduvai en Tanzanie à partir de fragments osseux présentant un aspect plus gracile que ceux de l'australopithèque de Boise et consistant en une mâchoire (hominidé 7), des os de la main d'un jeune, des os du pied (hominidé 8), une clavicule et deux fragments de crâne (hominidé 6). Ces restes auraient pu être considérés comme appartenant à une femelle de l'australopithèque de Boise, si la capacité crânienne n'avait été estimée, audacieusement au vu des restes conservés, aux environs de 800 cm^3. Cette capacité crânienne est supérieure à celle des australopithèques, mais inférieure à celle des hommes plus évolués. A cela, il faut ajouter une mâchoire plus petite que celle de l'australopithèque, de la taille de celle des hommes plus récents.

Pourquoi le nom d'« homme habile » ? Parce que le site d'Olduvai avait livré, depuis les premières fouilles en 1951, une industrie préhistorique très primitive appelée « culture des galets », consistant en galets aménagés à une extrémité par l'enlèvement d'un ou deux éclats pour en faire des outils coupants rudimentaires. Pour les Leakey, ces industries, dites oldowayennes, ne pouvaient pas être la création de ces singes bipèdes découverts ensuite, mais bien la trace de l'homme, selon l'idée fort répandue à l'époque que l'outil était la marque incontournable de la présence humaine.

En ce qui concerne la définition retenue par les inventeurs de l'homme habile, la station érigée n'est pas caractéristique de l'homme puisqu'elle existe aussi chez les singes bipèdes australopithèques. Le bras plus court que la jambe serait un bon critère, si les restes fossiles permettaient d'en juger, ce qui n'est pas encore le cas. Du point de vue paléontologique, la plus forte capacité crânienne atteignant 800 cm^3 est un meilleur critère, mais non absolu, puisque chez l'homme moderne, elle pourrait, selon les auteurs, varier d'environ 900 jusqu'à 2 350 cm^3. La position du trou occipital à la base du crâne adulte et la réduction du bourrelet au-dessus des yeux sont certainement des critères plus fiables. D'autres critères portant sur les taux de développement, la reprise de la croissance vers 12 ans, la longueur de la phase juvénile, l'âge de la puberté, pourraient également être pris en compte ; mais ils ne se fossilisent malheureusement pas.

L'existence de l'homme habile ne fut réellement admise que lorsque Richard Leakey mit au jour à l'est du lac Turkana, à Koobi Fora, des crânes plus complets, et désormais convaincants. Le premier de ces crânes célèbres (crâne 1470), daté de 1,6 million d'années, était donc le contemporain des singes bipèdes qu'il côtoyait dans la même région. Le crâne, d'une capacité de 810 cm^3, est dépourvu de cimier, mais a une face concave et un palais identiques à ceux du singe bipède robuste. Si ce n'était la forte capacité crânienne, on pourrait être tenté de l'attribuer à une femelle d'australopithèque robuste ou de Boise ! Mais deux autres crânes, inventoriés sous les numéros 3733 et 3883, ont prouvé définitivement l'existence de la lignée humaine à cette époque, entre 1,6 et 1,3 million d'années. D'une capacité d'environ 850 cm^3, ils ont une face beaucoup plus humaine, le crâne ne portant plus de cimier, mais deux petites crêtes latérales (pariétales) courant le long des os pariétaux *(fig. 25)*. Subsistent encore deux caractères simiesques qui seront l'apanage de tous les hommes archaïques et ne disparaîtront définitivement qu'avec l'homme moderne, le bourrelet sus-orbitaire et la constriction rétro-orbitaire. D'autres restes fossiles ont été attribués à l'homme habile, à l'est du lac Turkana (8 crânes, 10 mandibules et de nombreuses dents), à l'ouest du lac Turkana (1 crâne), dans la vallée de l'Omo (1 crâne fragmentaire, 2 mâchoires et une vingtaine de dents), à Chemeron au Kenya (1 crâne), et enfin un crâne découvert à Sterkfontein en Afrique du Sud (ST 53)[63].

Mais la variation importante des restes des premiers humains a soulevé une polémique pour savoir si l'on devait distinguer une espèce d'homme archaïque ou plusieurs. Une première tentative a été faite de ne retenir comme véritable homme habile que les fossiles d'Olduvai, et de distinguer ceux de l'est du lac Turkana comme les témoins d'une autre espèce, appelée *Homo ergaster*[64] ou « homme du lac Rodolphe[65] », parce que le matériel de Koobi Fora paraît trop variable pour correspondre à une seule espèce. Mais d'autres paléontologues considèrent ces espèces comme un simple synonyme de l'homme érigé plus récent. Le partage des restes entre les deux espèces archaïques tenté par Wood[63] n'est pas vraiment convaincant. Biologiquement, la présence de deux espèces aussi étroitement apparentées, vivant sur le même territoire, est difficilement crédible. En revanche, elle serait possible si leurs territoires étaient juxtaposés ou séparés.

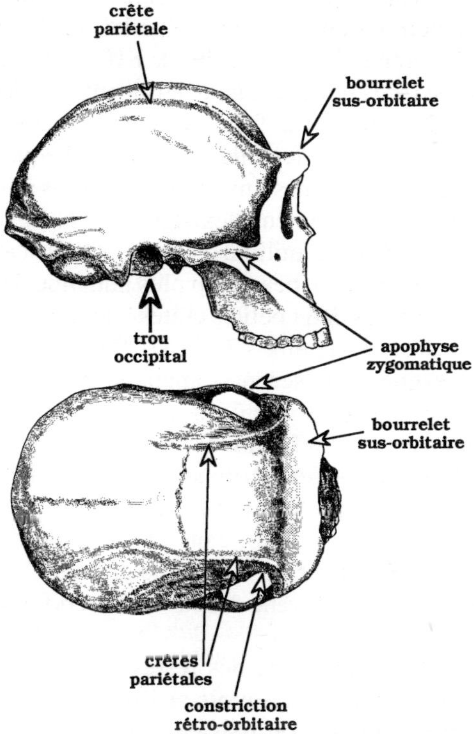

Figure 25 – Crâne d'homme habile (n° 3377) de l'est du lac Turkana, Kenya, en vue latérale droite (en haut) et supérieure (en bas). Ce crâne, bien que contemporain de celui des australopithèques, montre des différences essentielles avec ces derniers : plus grande capacité crânienne (800 cm^3), disparition de la crête au-dessus du crâne (sagittale) remplacée par deux crêtes pariétales. La face est moins projetée en avant. En revanche, le bourrelet au-dessus des yeux persiste. Le trou occipital est en position inférieure comme chez l'homme actuel (d'après F.C. Howell, modifié).

Il faut surtout retenir la contemporanéité d'un australopithèque de Boise avec des mâles et des femelles et celle d'un homme archaïque avec également des mâles et des femelles. Ces quatre variabilités qui se chevauchent sont suffisantes pour expliquer les nombreux détails qui différencient les spécimens fossiles et les confusions. Les hésitations des spécialistes à attribuer le matériel soit à un australopithèque, soit à un homme sont une preuve très démonstrative des relations de parenté étroite existant entre les deux genres. La conclusion qui se dégage, c'est qu'il semble désormais bien établi que la lignée du genre *Homo* apparaît dans les archives paléontologiques d'Afrique orientale vers 1,9 million d'années, peut-être même vers 2 millions. Les hommes habiles précèdent dans le temps les hommes érigés (*Homo erectus*). Plusieurs hypothèses de relations de parenté ont été proposées. La plus simple considère les hommes érigés comme les descendants directs des hommes habiles, résultat d'une évolution graduelle régulière au cours du temps. C'est celle que nous retiendrons ici. D'autres, comme Wood[63], supposent qu'à partir d'un ancêtre australopithèque il y aurait formation d'un grand nombre d'espèces, au moins trois : l'homme habile, l'homme du lac Rodolphe et l'homme pré-érigé. Mais cette idée tient peu compte des données biologiques sur la formation des espèces.

Les hommes érigés d'Afrique

Par une très grande chance, un squelette d'homme archaïque a été découvert par Kamoya Kimeu, l'un des découvreurs les plus performants du Musée national de Nairobi, sur le site de Nariokotome 3 à l'ouest du lac Turkana. Ce squelette (Ouest-Turkana 15 000) daté de 1,6 million d'années a été attribué à l'homme érigé[66] en raison de la ressemblance des dents et du crâne avec les restes bien connus des hommes érigés de Chine dont l'âge est plus récent d'un million d'années ! Nous en reparlerons plus loin. L'intérêt majeur de ce fossile vient du fait que ce squelette est presque complet. Il serait celui d'un adolescent de 11-13 ans, d'une taille assez grande se situant entre 1,64 et 1,68 m, sa capacité crânienne atteignant 900 cm^3. A côté subsistent des caractères proches des singes bipèdes comme la forme conique de la cage thoracique, identique à celle de Lucy et fort différente de celle des hommes modernes en forme de barrique. La capacité crânienne de 900 cm^3 et la forte taille n'ont rien de surprenant, compte tenu des variations observées habituellement dans les populations humaines. Homme habile ou homme érigé ? Si les hommes habiles sont les précurseurs des hommes érigés, la question n'a pas de sens et ce squelette peut représenter un spécimen de transition.

De véritables hommes érigés sont connus en Afrique, mais ils sont plus récents. L'un des plus beaux spécimens a été découvert dans le site d'Olduvai, mais dans la couche supérieure numéro II datée de 800 000 ans[67], alors que l'australopithèque de Boise provenait de la couche I. Il s'agit d'une calotte crânienne (hominidé 9) avec un très fort bourrelet au-dessus des yeux et une voûte crânienne élevée indiquant une capacité de l'ordre de 900 cm^3. Un fragment d'humérus trouvé à Melka Kunturé en Éthiopie, deux mâchoires inférieures à Ternifine en Algérie[68] sur le bord d'un lac daté de 500 000 à 600 000 ans, les crânes de Broken-Hill et de Saldhana en Afrique du Sud datés d'environ 200 000 ans et celui de Salé au Maroc d'un âge sans doute voisin sont les restes les plus démonstratifs de la vaste répartition des hommes érigés en Afrique. Le caractère le plus remarquable, en dehors de la taille du cerveau dont la capacité voisine les 900 cm^3, est la robustesse du bourrelet situé au-dessus des yeux, qui devient plus épais et saillant. Épaississement qui se retrouve aussi chez les formes archaïques des hommes érigés d'Asie. La raison en est simple : les hommes érigés africains émigrent en Europe et en Asie il y a environ 1 million d'années. C'est leur histoire que nous allons retracer maintenant.

Les hommes érigés d'Asie

C'est là qu'ils ont été découverts pour la première fois. Leur histoire mérite qu'on s'y arrête quelques instants, car elle démontre à la fois la force d'une hypothèse et la chance extraordinaire requise pour trouver des fossiles humains.

Les pithécanthropes

Un jeune médecin hollandais, Eugène Dubois, avait lu avec beaucoup d'intérêt le livre *L'Anthropogénie ou Histoire de l'évolution humaine* publié en 1877 par Ernst Haeckel[69], un embryologiste allemand, enthousiaste défenseur de la théorie de l'évolution de Darwin. Haeckel avait dessiné un arbre des relations de parenté de l'homme, mettant les Papous en relation directe avec un ancêtre humain primitif présumé qui avait dû vivre en Asie du Sud-Est, *Homo primigenius*, peut-être sur un continent qui aurait occupé une part de l'océan Indien actuel, la Lémurie, depuis disparue sous les mers. E. Dubois avait demandé sa mutation à Java, aux Indes néerlandaises, avec le ferme espoir de découvrir ce fameux « chaînon manquant » intermédiaire entre le singe et l'homme. Il aurait même forgé le nom de singe-homme avant de le découvrir, le célèbre pithécanthrope (pithèque = singe ; anthrope = homme). Quelques mois plus tard, en 1891, des prisonniers, qui lui servaient de main-d'œuvre pour prospecter les alluvions des rivières Solo et Bengavan, découvraient près de Trinil, à 15 mètres de profondeur dans les alluvions, une calotte crânienne et une dent[70] et un an plus tard, dans un autre site, un fémur. Découverte guidée par une hypothèse sur le lieu de l'origine, mais aussi hasard incroyable, vu avec le recul que nous avons aujourd'hui. En effet les restes d'hommes fossiles archaïques en Asie du Sud-Est sont plutôt rares, connus exclusivement dans quelques gisements de Chine et dans l'île de Java. Si E. Dubois n'avait pas été hollandais, il serait allé fouiller ailleurs, sans doute en vain…

Ce singe-homme de Java avait une calotte crânienne indiquant une capacité de l'ordre de 900 cm^3, effectivement intermédiaire entre celle des singes anthropoïdes et de l'homme moderne. Son fémur indiquait la station droite, d'où le qualificatif d'homme érigé. La calotte crânienne allongée est remarquable par le bourrelet situé au-dessus des yeux qui forme une véritable visière, suivie en arrière d'un rétrécissement rétro-orbitaire important séparant la face de l'arrière-crâne *(fig. 26)*. Une mâchoire provenant de Kedougbroubous constitua la dernière découverte de Dubois. Le site fut prospecté par L. Selenka en 1895, avec pour résultat la découverte d'une incisive, puis abandonné jusque dans les années 1930. G. H. von Koenigswald reprit alors des

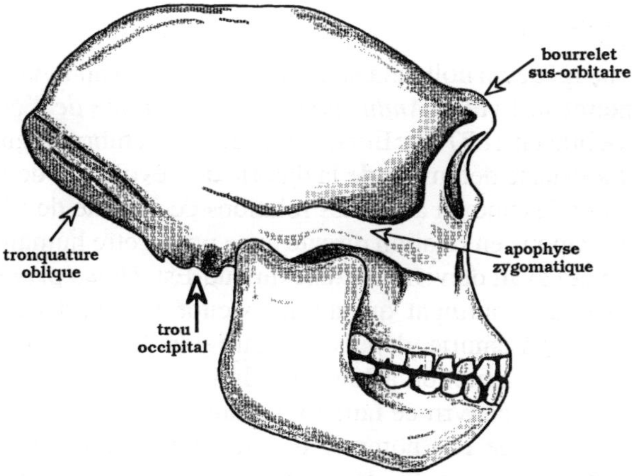

Figure 26 – Reconstitution du crâne d'un homme érigé (pithécanthrope) de Java. Noter le très fort bourrelet au-dessus des yeux et l'arrière du crâne tronqué en oblique, une caractéristique de ce groupe humain archaïque. Le trou occipital est en position inférieure (d'après F. Weidenreich, modifié).

fouilles dans les sites de Ngandong, Sangiran et de Modjokerto, exhumant des mâchoires et des fragments de calottes crâniennes. Ce paléontologue, qui fut à l'origine de la découverte en Chine du singe géant, le gigantopithèque, était un adepte de la multiplication des noms, décrivant autant d'espèces que de fragments. Il a même créé un genre nouveau, le méganthrope, pour une mandibule un peu grosse, élargie par le fait qu'elle avait été broyée dans la mâchoire d'un crocodile ! Les découvertes de G. H. von Koenigswald sont nombreuses. A Ngandong, à partir de 1931, il découvrit plusieurs crânes décrits sous le nom de l'homme de Solo ou javanthrope, se rapportant à une forme évoluée de l'homme érigé, dont la capacité crânienne atteignait 1 300 cm^3. A Sangiran, près du site de Trinil, il trouva en 1936 une mâchoire et en 1937 un crâne (pithécanthrope 2) présentant les mêmes caractères que celui découvert par Dubois, mais de plus petite taille, la capacité crânienne étant de l'ordre de 750 cm^3. Toujours en 1936, G. H. von Koenigswald avait trouvé à Modjokerto un crâne d'enfant connu sous le nom de pithécanthrope 5. Ultérieurement, il exhuma à Sangiran des fragments de crâne appelés pithécanthrope 3 et la base d'un crâne utilisés par le paléontologue Weidenreich pour reconstituer à la manière d'un puzzle le pithécanthrope 4, dont la capacité crânienne voisinait les 1 000 cm^3. Enfin en 1939, il décrivait une nouvelle mandibule sous le nom de *Pithecanthropus dubius* et en 1941, la mâchoire déjà évoquée, broyée par un crocodile, le célèbre méganthrope paléojavanais

La documentation javanaise des hommes érigés a été complétée par la découverte faite par S. Sartono en 1969 d'un crâne presque complet magnifiquement conservé[71]. On remarque la robustesse du bourrelet sus-orbitaire, l'allongement du crâne et la forte troncature oblique de l'arrière du crâne portant des crêtes marquées déjà observées sur les fossiles de Solo, très caractéristiques des hommes archaïques de Java *(fig. 26)*. Cette morphologie particulière est inconnue chez les premiers hommes habiles, mais est très développée chez les hommes de Pékin. On peut se demander si les hommes de Java ne correspondent pas à une différenciation locale. En effet, après avoir envahi l'île, sans doute à pied sec lors d'une descente du niveau de la mer résultant d'une phase de glaciation, ils se sont trouvés prisonniers après la remontée de l'océan, et auraient alors évolué en total isolement du reste du continent asiatique jusqu'à leur extinction il y a peut-être 500 000 ans. Cette évolution insulaire isolée correspond à ce que l'on appelle l'endémisme. L'âge de ces hommes fossiles a été évalué par François Sémah[72] ; tous les fossiles découverts à ce jour auraient un âge inférieur à 730 000 ans. Les datations ont été faites à la fois par la méthode du potassium/argon et par celle du paléomagnétisme qui, selon l'orientation du champ magnétique fossile du gisement, permet de le situer dans une échelle mondiale étalonnée.

Les sinanthropes

La seconde région d'Asie qui a livré des restes d'hommes érigés est la Chine. La découverte en 1903, par le paléontologue allemand K. Haberer, de dents fossiles dans les pharmacies en provenance de la colline des Os du Dragon aboutit en 1927 à la découverte du gisement préhistorique de Zou-Kou-Dian (Chou-Kou-Tien), à

50 kilomètres au sud-ouest de Pékin. Les fouilles réalisées par Gunnar Andersson, Otto Zdansky, Davidson Black, Birger Bohlin, W. Wong et Franz Weidenreich, jusqu'en 1941, livrèrent les restes d'un homme archaïque appelé, en 1927, le sinanthrope de Pékin. Six crânes, cent cinquante fragments de mâchoires et de dents, neuf fémurs et divers autres ossements constituent la documentation de base d'une cinquantaine d'individus de l'homme de Pékin[73]. Ces vestiges, qui auraient été envoyés en Amérique lors du conflit entre la Chine et le Japon, ont disparu assez mystérieusement et seuls en subsistent les moulages réalisés auparavant. L'homme de Pékin est caractérisé par un bourrelet au-dessus des yeux séparé du front assez élevé par une gouttière. Une constriction rétro-orbitaire isole la face de l'arrière-crâne et le crâne se termine à l'arrière par une troncature oblique moins accusée que celle des hommes de Java. La capacité du crâne, légèrement caréné, variait de 850 à 1 300 cm^3. Son âge est estimé entre 600 000 et 500 000 ans. En 1959, la reprise des recherches a amené la découverte d'une mâchoire d'homme érigé à Chenchiano dans le Shansi, puis celle de deux crânes dans les sites de Lantian et de Hexian, restes qui confirment les caractéristiques observées au sein de la population de Chou-Kou-Tien.

Les hommes archaïques d'Europe, de l'homme érigé à l'homme de Néandertal

Les hommes érigés sont connus également en Europe par moins d'une vingtaine de fossiles datés entre 600 000 et 200 000 ans[35]. L'un des plus anciens européens provient de Vergranne en Franche-Comté. Il est représenté par une canine de lait découverte par Michel Campy dans le remplissage d'une ancienne grotte comblée lors d'une phase glaciaire entre 600 000 et 500 000 ans. Une mâchoire découverte à Mauer, en Allemagne, a des dents entrant dans la variation de celle de l'homme moderne. Elle est mal datée par une faune de grands mammifères découverte dans une carrière avoisinante supposée être dans le même niveau d'alluvions (500 000 ans ?). L'un des fossiles les plus intéressants est l'os occipital découvert dans un habitat préhistorique à Vertesszöllös en Hongrie près de Budapest.

D'une capacité crânienne évaluée à environ 1 400 cm^3, ce crâne aurait un âge de l'ordre de 400 000 ans. Le site de Bilzingsleben en Allemagne a livré, dans un dépôt contemporain d'une phase climatique interglaciaire située entre 380 000 et 350 000 ans, un fragment de frontal avec un bourrelet au-dessus des yeux séparé du front par une gouttière comme chez l'homme de Pékin et deux fragments d'os occipital du type de celui de Vertesszöllös.

D'autres crânes plus récents découverts aux quatre coins de l'Europe permettent de mieux connaître la morphologie de cet homme archaïque européen. De Swanscombe en Angleterre, de Fontéchevade en Charente et de Biache-Saint-Vaast dans le Nord de la France proviennent les parties postérieures de crânes et une calotte fragmentaire, datés pour le premier des environs de 350 000 ans et pour les autres d'environ 200 000 ans. La calotte de Fontéchevade est tout à fait conforme dans ses proportions à celle des néandertaliens plus récents dont nous parlerons plus loin, celles de Swanscombe et de Biache portent un relief osseux en forme de chignon caractéristique des hommes de Néandertal.

Quatre crânes beaucoup plus complets ont été mis au jour respectivement à la grotte de l'Arago près de Tautavel dans les Pyrénées orientales par Henri de Lumley et son équipe[74], à Steinheim et Ehringsdorf en Allemagne et à Pétralona en Grèce. L'homme de Tautavel est daté d'une phase de glaciation se situant entre 450 000 et 320 000 ans. Il a une face portant un bourrelet assez marqué au-dessus des yeux et possède une caractéristique que l'on va retrouver chez l'homme de Néandertal : l'os formant le maxillaire supérieur est plat, constituant une espèce de museau, alors qu'il forme un creux chez l'homme moderne, la fosse canine. Ce petit détail est une véritable signature néandertalienne. Deux mâchoires découvertes à Tautavel montrent en outre l'existence d'une différence de taille importante entre les hommes et les femmes. Le crâne de Steinheim, mal daté (entre 300 000 et 200 000 ans), a une capacité crânienne de l'ordre de 1 200 cm^3. Il s'agit sans doute du crâne d'une femme, possédant un bourrelet au-dessus des yeux proche de celui de l'homme de Tautavel, qui n'a pas de museau plat de type néandertalien, mais plutôt un aspect d'homme moderne, avec l'arrière du crâne déjà très arrondi. Le crâne et les deux mâchoires découverts à Ehringsdorf

(Allemagne) dans les concrétionnements calcaires interglaciaires datés de 200 000 ans présentent également des caractères néandertaliens. Enfin l'homme de Pétralona en Grèce, mal daté (entre 400 000 et 200 000 ans), est encore en cours d'étude. Les premiers documents publiés soulignent la robustesse du bourrelet au-dessus des yeux, la présence de caractères néandertaliens sur la face, mais leur absence à l'arrière du crâne.

Diverses autres mâchoires ou fragments osseux découverts dans les grottes de la Chaise en Charente, du Prince à Grimaldi à la frontière franco-italienne, du Lazaret à Nice, d'Atapuerca, de Cova Negra et de Banolas en Espagne, complètent cette documentation des hommes archaïques européens.

Quel bilan peut-on tirer de ces données paléontologiques ?

Elles prouvent, premièrement, que l'Europe a été peuplée depuis au moins 600 000 ans ; les outils préhistoriques repoussent même cette occupation beaucoup plus loin dans le temps, aux environs de 900 000 ans. Deuxièmement, elles montrent que l'homme archaïque européen de Vertesszöllös et Bilzigsleben possède les caractères des hommes érigés, par exemple, un bourrelet au-dessus des yeux bien marqué séparé du front par une gouttière comme chez les hommes de Pékin. Sa capacité crânienne légèrement supérieure à celle des hommes érigés asiatiques s'explique par leur âge plus récent qui a permis une évolution plus accentuée. Troisièmement, elles démontrent que la plupart de ces hommes présentent des particularités qui annoncent déjà les hommes de Néandertal dont nous allons parler maintenant. Ce sont donc des « pré-néandertaliens ».

Les hommes de Néandertal, les premiers vrais Européens

Ce sont sans aucun doute les hommes préhistoriques les plus populaires, les hommes préhistoriques par excellence. La raison en est que ce sont les premiers restes fossiles découverts sur le globe. C'est au paléontologiste belge Philippe-Charles Schmerling que l'on doit la première preuve de l'existence d'homme fossile, découverte dans la grotte d'Engis, en Belgique, publiée en 1833-1834 dans un ouvrage intitulé *Recherches sur les ossemens fossiles découverts dans les cavernes de la province de Liège* où il écrivait :

> J'ai abandonné les hypothèses établies jusqu'à présent, et j'ai fini par conclure que ces restes humains ont été enfouis dans ces cavernes à la même époque et, par conséquent, par les mêmes causes qui y ont entraîné une masse d'ossements de différentes espèces éteintes.

Et plus loin, à propos de silex taillés associés, il reprend :

> J'attache un grand prix à leur présence dans les cavernes, car, si même nous n'avions pas trouvé des ossemens humains, dans des conditions tout à fait favorables pour les considérer comme appartenant à l'époque antédiluvienne, ces preuves nous auraient été fournies par les os taillés et les silex façonnés.

Il s'agit là d'un travail précurseur, ses opinions n'étant pas acceptées par la communauté internationale, comme souvent lorsque l'on innove. L'un de ses défenseurs, Pierre Boitard, sera le premier à proposer une reconstitution imagée de cet homme fossile des environs de Liège. Vers 1853, son idée sera petit à petit acceptée à la suite de la multiplication des découvertes d'industries préhistoriques, et aussi en 1856, par la mise au jour d'une calotte crânienne qui deviendra célèbre et donnera son nom à l'homme de Néandertal, sur une proposition de King en 1864.

C'est dans la vallée de la Neander, à proximité de Düsseldorf en Allemagne, que des ouvriers recueillirent des restes humains dans les déblais de la grotte Feldhoffer. Ces restes furent soumis au Dr Fulhrott d'Erbelfeld qui eut l'intuition d'y voir les restes d'un homme fossile du Diluvium, c'est-à-dire en provenance des dépôts attribués au déluge biblique. Opinion partagée par le Dr Schaafhausen qui reconnut sur le crâne des caractères de singes anthropoïdes, notamment le bourrelet au-dessus des yeux, le front fuyant et le crâne aplati. Mais un anthropologue comme le Dr Virchow n'y vit que les restes d'un sujet malade atteint de rachitisme, tandis que le Dr Mayer considéra même ce crâne comme celui d'un cosaque tué lors des guerres napoléoniennes de 1814 ! Cette découverte fut amplement confirmée par de nombreuses trouvailles réalisées exclusivement en Europe, notamment dans de nombreuses grottes préhistoriques de France où ils sont datés entre 80 000 et 30 000 ans. Il est exclu d'en faire l'inventaire exhaustif[35], mais citons tout de même quelques noms qui évoquent avec force la préhistoire de l'homme, la sépulture de la Chapelle-aux-Saints en Corrèze dont le squelette sert de référence à l'homme de Néandertal, fouillée par les abbés Bouyssonie et Bardon, et les sépultures de La Ferrassie[75] près des Eyzies en Dordogne.

A quoi reconnaît-on un néandertalien ?

Nous avons commencé à évoquer ses caractères[76] au fil des fossiles archaïques d'Europe. Le crâne allongé, large et peu élevé est massif avec un fort bourrelet au-dessus des yeux et une constriction rétro-orbitaire plus faible que celle des hommes érigés. La capacité crânienne dépasse parfois 1 600 cm^3. Les proportions du crâne diffèrent de celles de l'homme moderne, le crâne vu de l'arrière ayant la forme d'une bombe. La face est grande, saillante, avec le museau plat formé par le maxillaire supérieur, alors que chez les hommes érigés et modernes, cette région est concave, formant ce que l'on appelle la fosse canine. Les orbites sont très grandes, le nez saillant est assez large. L'arrière du crâne est caractérisé par le développement d'un chignon osseux postérieur appelé chignon occipital. L'apophyse mastoïde située sous l'orifice auriculaire est forte car elle sert d'attache à certains muscles du cou. La mâchoire forte n'a pas de menton *(fig. 27, page suivante)*. Le reste du squelette est robuste, les fémurs étant arqués. La répartition géographique des néandertaliens, dans leur plus grande extension, s'étend de l'ouest à l'est, de Jersey à la Palestine (Wadi-el-Amud), l'Irak (Shanidar) et jusqu'à l'Uzbekistan (Teschik-Tash) et du nord au sud, du Nord de l'Allemagne à l'Irak[77].

Extinction naturelle ou génocide ?

Les hommes de Néandertal se sont éteints il y a environ 31 000 ans et leur disparition reste assez mystérieuse. Alors que les néandertaliens étaient toujours associés à des industries moustériennes du

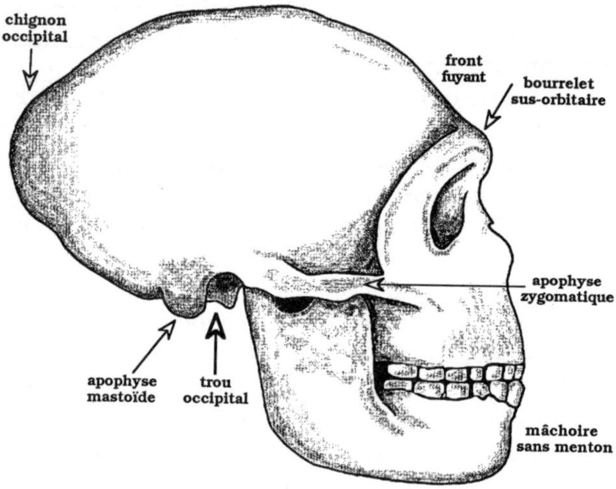

Figure 27 – Reconstitution du crâne de l'homme de Néandertal. Remarquer le fort bourrelet au-dessus des yeux, la face assez projetée en avant, l'absence de menton à la mâchoire inférieure et le bourrelet occipital à l'arrière du crâne. Le trou occipital est en position inférieure (d'après un moulage).

Paléolithique moyen, les hommes modernes qui leur succèdent brutalement dans les archives préhistoriques sont les artisans des industries du Paléolithique supérieur. La transition est si rapide que les passages respectifs des néandertaliens aux hommes modernes, et du Moustérien au Paléolithique supérieur paraissaient exclus. Certains spécialistes évoquaient même la possibilité d'un génocide des néandertaliens par les hommes modernes, jusqu'au moment où François Bordes montra qu'une industrie du Paléolithique moyen, le Moustérien de tradition acheuléenne, se transformait sur place en Châtelperronien.

Qu'en était-il alors de ses artisans ? Ce fut la découverte par François Lévèque du premier squelette d'un campement châtelperronien et, surprise, c'était bien un homme de Néandertal[78] ! Cette possibilité avait déjà été pressentie par André Leroi-Gourhan à Arcy-sur-

Cure, dans l'Yonne, où une mâchoire supérieure d'aspect néandertalien avait été découverte associée au Châtelperronien, mais à l'époque l'idée paraissait insoutenable.

Cela signifie que des groupes de néandertaliens, sans doute peu nombreux si l'on en juge par la répartition restreinte du Châtelperronien, ont modifié leurs industries entre 36 000 et 31 000 ans. Ils ne se sont pas éteints aussi brutalement qu'on le soupçonnait, cohabitant même pendant plusieurs millénaires avec les hommes modernes artisans d'autres industries du Paléolithique supérieur.

De nombreuses hypothèses ont été proposées pour expliquer leur disparition[79]. Ils pourraient avoir été les victimes d'une épidémie à virus. Les néandertaliens avaient en effet un bourrelet au-dessus des yeux fort développé dont la structure osseuse correspond à des os pneumatisés, formant de larges sinus. Qu'une infection virale très contagieuse s'y développe pouvait leur être fatal ! Quant à la thèse du génocide, jusqu'à preuve du contraire, on n'a encore jamais trouvé de charnier de néandertaliens témoignant d'un génocide perpétré par les premiers hommes modernes.

On ne peut malheureusement pas en dire autant du petit dernier de la famille, de l'homme moderne actuel, qui s'en est fait une spécialité !

10
Le petit dernier de la famille.

Si les hommes de Néandertal apparaissent comme les descendants des hommes érigés qui, il y a 1 million d'années environ, ont émigré d'Afrique en Europe et en Asie, les hommes modernes appelés scientifiquement *Homo sapiens* correspondent à une nouvelle vague d'immigration dont le centre de diffusion n'est pas encore défini avec précision.

Contrairement à ce qu'avaient supposé certains spécialistes, les hommes modernes européens ne peuvent pas être les descendants directs des hommes de Néandertal. Trop de caractères anatomiques les en distinguent. Les hommes de Néandertal dans la péninsule européenne ont évolué en cercle fermé, de façon endémique, et ont acquis des caractères très particuliers qu'ils sont les seuls à avoir acquis. Leur disparition en France est pratiquement contemporaine de l'apparition des hommes modernes de Cro-Magnon. Il y a un saut morphologique important entre les deux types humains impliquant une autre origine pour les hommes modernes.

L'homme de Cro-Magnon

L'homme de Cro-Magnon est avec l'homme de Néandertal l'une des stars de la préhistoire. Découvert en 1868, au lieu-dit Cro-Magnon, dans la commune des Eyzies-de-Tayac en Dordogne, il était représenté par cinq sépultures, quatre adultes et un fœtus, dans un campement de culture aurignacienne. Possédant un crâne du même type que le nôtre, avec un front et une voûte crânienne élevés, arrondi à l'arrière, le bourrelet au-dessus des yeux étant remplacé par des arcades sourcilières plus ou moins épaisses coupées d'un sillon oblique très caractéristique, une face droite non projetée vers l'avant, des orbites larges et rectangulaires, un nez étroit, la mâchoire pourvue d'un menton, l'homme de Cro-Magnon, prototype de l'homme moderne, avait une capacité crânienne d'environ 1 600 cm^3.

Donner la liste des découvertes d'hommes modernes fossiles serait fastidieux[35] ; on les trouve dans tout l'Ancien Monde, de l'Afrique à l'Europe et à l'Asie. Les hommes modernes actuels ont fait l'objet de nombreuses études anthropologiques portant sur le squelette. Il faut préciser que tous les hommes modernes fossiles et actuels présentent, selon les régions, de petites particularités anatomiques, qui reflètent à la fois leur histoire évolutive et des différences géographiques.

Du point de vue qui intéresse la paléontologie[35], il s'avère que la capacité crânienne des hommes actuels peut varier entre 900 et 2 350 cm^3, dépassant donc largement celle de nos cousins lointains anthropoïdes, de nos cousins germains australopithèques, et même celle des anciens de notre cercle de famille proche. Mais il faut savoir que la capacité crânienne en elle-même ne doit pas être confondue avec l'intelligence, un problème sur lequel nous reviendrons plus loin. L'idée que les hommes modernes ne dérivent pas des néandertaliens est confirmée par la découverte d'hommes modernes archaïques au Proche-Orient, datés d'entre –100 000 et –90 000 ans[80], et donc bien antérieurs à la disparition des néandertaliens, avec qui ils semblent avoir coexisté. Cette origine indépendante est maintenant étayée par la génétique, que nous allons examiner avant de chercher si elle est compatible avec les archives paléontologiques, et avec une autre source de données, qui paraît pourtant très éloignée du problème, celle de l'évolution des langues parlées.

L'histoire génétique de l'homme moderne

Les recherches génétiques sur l'homme moderne se sont développées depuis longtemps. L'équipe italienne de Luca L. Cavalli Sforza[81] avait, dès 1963, réalisé une analyse sur la diversité des groupes sanguins et des données génétiques disponibles à l'époque, montrant que la première diversification de l'arbre généalogique séparait les

Africains des non-Africains. Des études de plus en plus complètes des données génétiques disponibles[82-83] par Luca L. Cavalli Sforza, depuis lors à Stanford (États-Unis), ont abouti à un arbre généalogique et permis de reconstituer les grandes lignes de l'histoire des hommes modernes, que nous allons esquisser *(fig. 28)*.

Ces recherches confirment la séparation des Africains (Pygmées, Ouest-Africains, Bantous et Nilo-Sahariens) et des non-Africains (Eurasiatiques). Cependant, au sein du groupe des populations africaines, les Bushmen (Khoisans ou Kung San) et les Éthiopiens montrent des affinités avec les populations du Sud-Ouest asiatique, notamment avec les Caucasiens d'Arabie pour les Éthiopiens. La proximité géographique entre les Caucasiens d'Arabie et les Éthiopiens explique ces relations. Mais la position des Bushmen, actuellement localisés en Afrique du Sud, est beaucoup plus surprenante. Il faut savoir qu'aux alentours de – 10 000 ans, on trouve des restes fossiles de Bushmen en Égypte[82-83] et en Afrique orientale. Il reste d'ailleurs actuellement, en Tanzanie, des populations pratiquant le langage si spécial (claquements de langue) des Khoisans. Leur répartition géographique actuelle, en Afrique du Sud, est donc une situa-

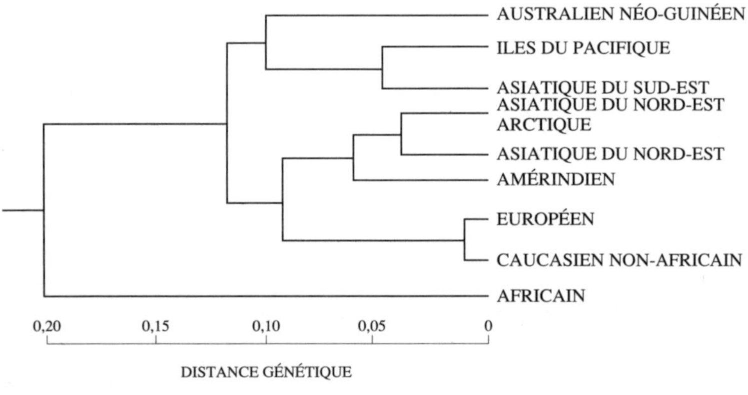

Figure 28 – Relations de parenté des divers groupes de l'homme moderne d'après leur divergence génétique (d'après L.L. Cavalli-Sforza, 1992).

tion relique récente de populations africaines (60 % de leurs gènes sont africains), qui ont eu il y a plus de 10 000 ans une plus large répartition en Afrique orientale et des rapports très étroits avec des populations caucasiennes plus nordiques (40 % de leurs gènes sont caucasiens).

Après la séparation des Africains et des Eurasiatiques, apparaît une nouvelle coupure en deux ensembles. Le premier ensemble, que l'on peut qualifier d'Eurasiatique septentrional, s'est étendu vers le Nord où il se divise en deux branches, respectivement occidentale et orientale. La branche occidentale (caucasoïde ou indo-européenne) couvre l'Europe (Européens) et secondairement l'Afrique du Nord (Berbères), le Sud-Ouest (Anatolie, Moyen-Orient, Iran) et l'Asie méridionale (Indes). La branche orientale a occupé le Nord et le Nord-Est asiatique, avant d'occuper l'Amérique entre –35 000 et –15 000 ans pour constituer les Amérindiens. L'autre groupe majeur Eurasiatique, méridional, provenant de la seconde coupure, a migré vers l'est et le sud, ses descendants occupant aujourd'hui l'Asie du Sud-Est. De là, une première vague de populations aurait gagné l'Australie et la Papouasie-Nouvelle-Guinée entre –60 000 et –40 000 ans, une deuxième vers les autres îles du Sud-Est asiatique il y a environ –5 000 ans, une troisième migration en direction des îles Fidji-Samoa entre –4 000 et –3 000 ans, et enfin une quatrième et dernière colonisation aurait gagné la Polynésie aux environs de –1 000 avant notre ère.

Toutes ces diversifications génétiques globales ont été compliquées par les migrations ultérieures, par les contacts entre les divers groupes et les hybridations résultantes, toujours décelables. D'autres équipes ont apporté des résultats génétiques majeurs dans ce domaine, notamment celle d'André Langaney.

La linguistique confirme la génétique ?

L'une des confirmations les plus étonnantes de ce scénario de la diversification génétique de l'homme moderne semble résulter de la répartition des 5 000 langues parlées de par le monde[84]. Il y aurait un parallélisme très étroit entre la diversification génétique et la diversification linguistique, l'une confirmant donc l'autre : les grands groupes génétiques parlent des langues apparentées aux mêmes familles ou superfamilles. Même si cette correspondance est encore vivement débattue, elle paraît logique dans la mesure où les grands groupes, en se scindant au cours du temps et au gré des migrations en sous-groupes et sous-sous-groupes de plus en plus nombreux, ont fini par constituer des ensembles populationnels génétiques, culturels et linguistiques distincts de plus en plus dérivés par rapport au groupe ancestral, cependant identifiable. Cette histoire complexe et passionnante reflète la grande mobilité des populations des hommes modernes à partir de leur centre de diffusion, que nous allons essayer d'identifier maintenant.

L'hypothèse de l'Ève africaine

Les recherches génétiques menées par l'équipe de Allan C. Wilson à Berkeley l'ont amené à annoncer, en 1987[85], que les hommes modernes dérivaient d'une première femme africaine ayant vécu il y a plus de 100 000 ans en Afrique orientale, autrement dit que « Ève était africaine », et naturellement que « Ève était noire[86] ». Une théorie qui fait encore couler beaucoup d'encre ! Pour arriver à une conclusion aussi précise, l'analyse portait sur un matériel génétique tout à fait particulier, l'ADN que l'on trouve dans ces petits organites cellulaires accumulateurs d'énergie que sont les mitochondries. Ce matériel génétique, appelé ADN mitochondrial, possède une qualité originale, celle de ne se transmettre que par la voie maternelle, c'est-à-dire par les cellules reproductrices des femmes, *via* leurs mitochondries. L'hypothèse proposait donc une généalogie retraçant l'histoire maternelle de notre espèce. L'idée fit sensation, mais fut vivement critiquée parce qu'elle utilisait une méthode indirecte de comparaison génétique et qu'un échantillon d'Africains américains représentait les Africains de souche !

En 1991, l'équipe de Berkeley a publié une nouvelle argumentation pour prouver l'origine africaine de l'homme moderne[87], fondée sur l'analyse des séquences de gènes de 189 individus, dont 121 étaient de souche africaine, les autres de souche eurasiatique. Les programmes informatiques proposaient plus de 100 arbres généalogiques aussi probables les uns que les autres. Le choix de l'arbre à retenir fut fait au hasard. La conclusion confirmait que la séquence trouvée chez les populations actuelles dérivait bien d'une seule ancêtre africaine qui avait vécu il y a environ 200 000 ans. Ce travail fut une nouvelle fois critiqué vigoureusement.

L'un des auteurs, Mark Stoneking[88], en reprenant les données, analysa 50 000 arbres généalogiques différents possibles de même valeur pour en tirer un arbre synthétique. Il reconnut que l'arbre publié en 1991 n'était pas représentatif et que les données étaient insuffisantes pour découvrir l'origine géographique de l'ADN mitochondrial humain.

Les arbres généalogiques proposés sont tout de même très intéressants par la répartition qu'ils donnent globalement des Africains. Ce sont toujours soit les Pygmées de l'Ouest ou de l'Est, soit les Kung San (Bushmen) déjà évoqués, qui se placent à la base de l'arbre généalogique et seraient les plus proches de l'ancêtre des hommes modernes. Gérard Lucotte[86], en s'appuyant sur l'étude du chromosome Y reflétant la composante paternelle de notre héritage chromosomique, va même jusqu'à suggérer que cette origine pourrait se situer dans l'ascendance des Pygmées Akas, l'une des plus anciennes ethnies africaines de chasseurs-cueilleurs. Dans cette hypothèse, le berceau de l'homme moderne pourrait se situer à la limite du Congo et de la République centrafricaine, à l'ouest du fleuve Oubangui, entre les rivières Lobaye et Sanga…

De nombreuses critiques ont été formulées à l'égard de ces hypothèses. La première critique, d'ordre méthodologique, concerne une faiblesse dans la qualité de l'échantillonnage de l'ADN mitochondrial. En effet, beaucoup de prélèvements concernant les Asiatiques et les Européens proviennent de placentas des hôpitaux de San Francisco, sans que l'on connaisse les points précis d'origine des individus analysés. Ils sont pourtant absolument indispensables pour évaluer correctement un lieu d'origine de l'humanité. La seconde critique, exposée par André Langaney[89-90], souligne l'aspect parcellaire de la signification de l'ADN mitochondrial et du chromosome Y :

> Chacun de nos gènes est forcément apparu chez l'un de nos ancêtres, humain ou pré-humain, qui vivait n'importe quand entre aujourd'hui et l'origine de la vie. Nous pourrions donc retrouver ainsi des centaines d'Adam et d'Ève animaux et humains dont l'Arche de Noé ne pourrait guère apporter qu'une grande confusion à notre exploration de l'histoire humaine.

L'hypothèse de l'Ève africaine demande donc à être vérifiée par des analyses beaucoup plus globales des génomes humains dont les provenances doivent être identifiées avec une très grande précision si l'on veut évaluer le berceau de l'homme moderne.

Deux observations génétiques restent cependant fondamentales pour le problème posé. Les données sur la diversité des groupes sanguins et les autres analyses génétiques séparent les Africains des non-Africains. Ensuite ce sont les Africains qui ont l'ADN mitochondrial le plus diversifié, bien plus que les populations des autres continents. Le fait que les populations africaines aient accumulé le plus grand nombre de mutations est une preuve qu'elles ont vécu bien plus longtemps en Afrique, et c'est peut-être une évidence indirecte pour proposer une origine africaine aux hommes modernes. Mais cette idée est-elle compatible avec les archives paléontologiques ? C'est ce que nous allons rechercher maintenant.

Les données paléontologiques de l'homme moderne

Remontons dans les temps préhistoriques en Afrique, au Proche-Orient et en Asie pour rechercher les premières traces de l'homme moderne. En Afrique orientale, des fossiles mal datés, dont l'âge se situerait entre –400 000 et –40 000 ans, ont été découverts dans les sédiments postérieurs à ceux qui ont livré des restes de l'homme érigé. Deux crânes découverts dans la vallée de l'Omo (Omo 1 et 2) et datés d'environ –100 000 ans, les crânes de Ndutu et Laetoli 18 en Tanzanie, ainsi que les restes de Klasies River Mouth Cave et Border Cave en Afrique du Sud, sont considérés comme des hommes modernes archaïques, bien que la reconstitution de Omo 1 soit discutée. Cependant, les crânes de Bodo en Afar, Omo 2 (Éthiopie) et de Ngaloba en Tanzanie, sans doute plus anciens, refléteraient, pour d'autres spécialistes, une évolution sur place des hommes érigés vers l'homme moderne. Une évolution de ce type serait également suggérée en Afrique du Nord par des restes autrefois attribués à tort à des néandertaliens, comme les mâchoires de Sidi Abd-er-Rhaman, de Rabat et du Djebel Ihroud au Maroc, de Haua Fteah en Libye et de Singa au Soudan. Les caractères qui étaient considérés comme néandertaliens correspondent en fait à des caractères archaïques hérités des hommes érigés (léger bourrelet sus-orbitaire).

Au Proche-Orient, en Palestine, des sépultures, contenant des squelettes humains à la morphologie proche de celle des hommes modernes, ont été découvertes à Qafzeh par Bernard Vandermeersch dans un campement préhistorique de culture moustérienne, dont l'âge est de – 100 000 à – 90 000 ans[80]. D'autres restes, comme le crâne de Skhul, ont le même aspect et semblent descendre d'hommes archaïques plus anciens, tel que l'homme de Galilée du site de Mugharet-El-Zuttiyeh datant d'environ 200 000 ans, dont le frontal redressé annonce l'homme moderne. D'autres crânes enfin, comme ceux de Tabun et Wadi-El-Amud, à morphologie plus néandertalienne, ont depuis longtemps suggéré aux paléoanthropologues la possibilité d'un côtoiement des néandertaliens et des hommes modernes archaïques en Palestine, et même l'éventualité d'une hybridation entre les deux populations comme en témoigneraient ces crânes à morphologie mixte.

En Asie, un crâne découvert en Chine dans le Shanxi en 1978 et connu sous le nom de crâne de Dali représenterait pour certains une forme qualifiée d'intermédiaire entre les hommes érigés de Pékin et l'homme moderne. Son âge serait évalué à 300 000 ans. En fait, ses caractéristiques crâniennes (faible bascule occipitale) sont à l'opposé des tendances menant à l'homme moderne. Avec le crâne de Mapa en Chine, plus récent, il assurerait, selon B. Vandermeersch[91], une continuité entre les deux espèces. Dans les dépôts plus récents du Paléolithique supérieur de Chine se trouvent des restes d'hommes modernes possédant des caractères mongoloïdes, comme la grande fréquence des incisives en pelle.

En Australie, la découverte à Kow Swamp de crânes datés de 10 000 ans, proches de ceux des aborigènes australiens fossiles de

Talgaï, du lac Mungo et de Keilor (d'âges situés entre 30 000 et 25 000 ans), mais portant encore des caractères d'hommes érigés archaïques, a incité certains anthropologues[92-96] à proposer une évolution sur place des hommes érigés arrivés sur l'île à une date indéterminée. Il en va de même des découvertes faites à Java de l'homme de Wadjack d'âge inconnu, et de celui de Niah à Bornéo (âge de 40 000 ans ?) qui présentent des caractères Proto-Australiens.

Les théories de l'origine de l'homme moderne

Du point de vue théorique, nous nous trouvons en présence de deux conceptions complètement opposées pour expliquer l'origine de l'homme moderne.

La première, encore non évoquée, envisage une origine multiple de l'homme moderne par différenciation locale des populations ancestrales d'hommes érigés. C'est la « théorie polycentrique » d'Andor Thoma[92], reprise par M. H. Wolpoff[95] sous le nom de « théorie multirégionale ». Il y aurait une continuité totale entre les hommes érigés des diverses parties du monde et les hommes modernes qui leur ont succédé sur place. Cela signifierait que la même espèce nouvelle serait apparue en de multiples endroits à partir des diverses souches d'hommes érigés. Cette théorie présente un inconvénient majeur : elle n'est pas compatible avec les données génétiques. En effet, une telle idée impliquerait une évolution graduelle sur place de toutes les populations d'hommes érigés, qui auraient acquis les mêmes mutations et les mêmes caractères morphologiques par évolution parallèle, ce qui est statistiquement très improbable. Comme nous l'avons déjà évoqué, l'homme moderne est très différencié génétiquement dans les diverses parties du monde. Cette conception n'est pas plus compatible avec les autres données biologiques sur la formation des espèces dans le monde vivant. Toutes les nouvelles espèces semblent prendre naissance à partir d'une souche ancestrale, au sein d'une population marginale isolée dans une région relativement petite, par apparition brutale d'un nouveau génotype qui se fixe rapidement. Ensuite, les nouvelles espèces élargissent leur aire de répartition par migration. La théorie polycentrique s'applique exclusivement pour la différenciation d'une espèce en plusieurs sous-espèces, sans rupture du programme génétique de l'espèce, avec seulement une différenciation génétique locale qui n'empêche pas les croisements. Or dans le cas du passage des hommes archaïques érigés à l'homme moderne, il y a une rupture de structure crânienne d'une telle ampleur, qu'elle implique un changement de programme génétique. Nous analyserons au chapitre suivant les détails de cette mécanique possible.

L'autre théorie, appelée par Wolpoff l'hypothèse du « Jardin d'Éden », contredit la précédente. Elle considère une origine unique et africaine des hommes modernes. Cette hypothèse est cohérente avec les données génétiques. C'est celle que soutient avec une argumentation convaincante Christopher Stringer[96]. Pour ce dernier, les hommes érigés ont donné sur place, dans une région d'Afrique à préciser, les hommes modernes qui ont ensuite émigré en Europe, en Asie et jusqu'en Australie. Les hommes érigés reliques de ces pays se sont éteints plus ou moins tardivement selon les régions et les îles, où ils ont ensuite été remplacés par les hommes modernes en plusieurs vagues d'immigration. En l'état actuel des données, cette seconde hypothèse semble biologiquement la plus probable. Mais il n'est pas encore possible de préciser, ni par la biologie moléculaire, ni par la paléontologie, la place géographique exacte du berceau des hommes modernes. On peut estimer qu'il se situe dans une zone s'étendant de l'Afrique orientale au Proche-Orient, car il est certain qu'il y a environ 200 000 ans, des hommes modernes archaïques du type homme de Galilée avaient déjà gagné la Palestine, où 120 000 ans plus tard ils développaient une culture moustérienne (Quafzeh), que l'on croyait exclusive des néandertaliens européens.

Depuis son apparition il y a quelque 200 000 ans, l'histoire de l'homme moderne est sans doute fort complexe, en raison de ses multiples migrations à grande échelle. Bien des populations ancestrales ont pu également disparaître et celles que nous observons aujourd'hui n'en reflètent sans doute qu'une image très appauvrie.

L'homme moderne, le règne de l'immigration

A partir d'un large berceau africain-proche-oriental, l'homme moderne a immigré sur tout le globe selon le schéma proposé plus haut à partir des données génétiques. Son arrivée en Europe occidentale est assez tardive, puisqu'elle se situe vers –30 000 ans.

Un problème fort intéressant concerne le peuplement de l'Amérique du Nord et d'autres contrées restées en dehors des peuplements d'hommes érigés. Il semble bien établi actuellement que les ancêtres des Amérindiens actuels soient venus du Nord-Est de l'Asie, à une époque où le niveau des mers avait suffisamment baissé pour permettre le passage à sec entre la Sibérie et l'Alaska, par le détroit de Béring. Il y a, à ce phénomène, une cause climatique bien connue, le développement d'une énorme masse de glace sur l'hémisphère Nord pendant la dernière phase glaciaire qui s'est développée entre –80 000 et –10 000 ans. Durant cette période, deux maximums de refroidissement ont été reconnus, d'une part entre –50 000 et –40 000 ans, et d'autre part entre –27 000 et –10 000 ans. Il y a donc eu deux phases de stockage de glace sur le continent, à partir de l'évaporation de l'eau de mer et de sa chute sous forme de neige transformée ultérieurement en glace. C'est sans doute lors du deuxième retrait de la mer, entre –27 000 et –10 000 ans, que les premiers Paléosibériens sont passés du continent asiatique sur le continent américain. Il y a –5 000 ou –4 000 ans, une nouvelle immigration fut à l'origine des Inuits.

Les restes humains fossiles, dont le nombre est inférieur à 50 individus pour un si vaste continent, sont datés par le carbone 14 entre –12 000 et –7 000 ans. De temps à autre, la presse fait écho de dates plus anciennes pour la première occupation humaine en Amérique du Nord, mais à chaque fois, celles-ci se révèlent inexactes, faussées par des contaminations récentes.

Alors que les Inuits sont de vrais mongoloïdes, les Amérindiens actuels présentent des caractères hérités naturellement de leurs ancêtres asiatiques, des Paléosibériens sans doute apparentés à des Thibétains. La présence de pommettes larges et d'incisives en forme de pelle en témoignent, mais ils ont aussi acquis des caractères particuliers, comme le nez en bec d'aigle et les yeux, qui n'ont pas l'aspect fendu en amande dû aux paupières à pli et à l'excroissance charnue qui les borde. En outre, leur passage par le détroit de Béring a dû s'effectuer par petits groupes de population à faibles effectifs, seuls capables d'expliquer le fait que les Amérindiens soient les seuls humains à avoir des groupes sanguins limités au groupe O, alors que les autres hommes modernes possèdent en plus les groupes A, B et AB. Par la suite, les Amérindiens se sont fortement différenciés, sur place et par migrations, comme en témoignent leurs 200 dialectes actuels. De même, si le Japon et Taïwan ont été peuplés de façon assez précoce par les hommes modernes, de nouvelles migrations plus récentes auraient colonisé les Philippines, les petites îles du Pacifique, la Mélanésie entre –12 000 et –6 000 ans, la Micronésie il y a 3 000 ans et la Polynésie il y a environ 2 500 ans.

En ce qui concerne l'Europe et l'Asie, il suffira de rappeler les nombreuses migrations des peuples nordiques vers le sud-ouest de l'Europe, par exemple les Burgondes, celles des peuples asiatiques vers l'ouest, tels les Huns, les Mongols et d'autres. Il ne faut pas oublier la redécouverte de l'Amérique par Christophe Colomb, après qu'elle eût été découverte bien avant par les Vikings Éric le Rouge et son fils Leif Ericson après l'an 982, puis le peuplement de l'Amérique par les Européens à partir de 1492 et surtout de 1620, enfin, tous les mélanges de populations induits par les voyages, le commerce, les guerres, les colonisations et les déplacements autoritaires de populations.

Ces migrations font de l'homme moderne une espèce ayant colonisé toute la planète, et même étendu son rayonnement jusque sur la Lune…

La diversité génétique de l'homme moderne

Les migrations et les mutations intervenues au cours de son histoire expliquent la grande diversité humaine[89,97-100], à partir de cette souche ancienne d'environ 200 000 ans. Richard Lewontin[97-98] a montré que cette diversité humaine s'exprime à plusieurs niveaux. Il y a tout d'abord un premier niveau de variation entre les individus au sein des populations régionales. Le deuxième niveau rassemble les populations régionales en grands peuples, nations ou tribus. Le troisième niveau concerne les grands groupes biologiques, ce que l'on appelle, dans le langage commun, les « races ». Enfin, ces grands groupes biologiques se réunissent en une seule espèce humaine, puisque tous les individus sont interféconds.

La diversité humaine a été analysée de plusieurs façons. La première approche a concerné l'étude descriptive, qualitative ou quantitative, des caractères extérieurs visibles, c'est-à-dire les dimensions, formes et couleurs (taille, poids, forme du crâne, forme et couleur des cheveux, des yeux, pigmentation de la peau, empreintes digitales...). Des caractères physiologiques y ont été ajoutés (rythme cardiaque, taux sanguins divers, variations hormonales, etc.). Cette diversité a été précisée par l'étude des systèmes immunologiques : système des groupes sanguins A, B, O, systèmes « rhésus » et « HLA d'histocompatibilité ». Enfin les recherches ont précisé les bases génétiques de tous ces marqueurs de la diversité. Les conclusions en sont désormais claires et ne peuvent être réfutées. Richard C. Lewontin, dès 1974[97], a pu montrer à partir d'une étude limitée à dix-sept gènes humains variables (ou *polymorphes*) que :

– chaque gène contribue à la variabilité d'une façon différente. Certains gènes peu variables participent fort peu à la diversité, d'autres très variables (facteur rhésus) y jouent un rôle majeur ;

– la plus grande part de la diversité humaine (85 %) est essentiellement due aux différences entre les individus. C'est-à-dire que la différence génétique entre deux personnes d'un même village pourra être plus grande que celle qui existe entre un Parisien, un Aborigène d'Australie et un Indien Hopi ! Les faits scientifiques sont là irréfutables. Poursuivons l'analyse ;

– les différences, qui séparent les grands groupes biologiques autrefois appelés « races » (Jaunes, Blancs et Noirs), ne comptent que pour 7 % au sein de la variation. Un véritable paradoxe au regard des différences visibles. Nous allons y revenir pour l'expliquer ;

– les 8 % restant concernent les différences entre les divers peuples.

C'est dire que les différences cumulées entre les groupes biologiques et les peuples n'entrent que pour 15 % dans la variation humaine, une partie relativement faible en regard des variations entre les individus.

Diversité et racisme

Il est bien évident que ces données semblent contredire les observations du commun. Il suffit de s'asseoir à une terrasse de café dans une grande métropole et de regarder défiler la foule pour avoir une idée de la variation externe de l'espèce humaine. Des grands, des petits, des gros, des maigres, des blancs, des noirs, des jaunes, et toute une multitude d'intermédiaires qui expriment la diversité... Dans toute cette variation morphologique et compte tenu des données génétiques précédentes, que faut-il penser de la notion de race ?

La notion de race correspond à un besoin de classement[99], au même titre que les zoologistes définissent des genres, des espèces, des sous-espèces géographiques et des variétés locales. En fait, en zoologie la notion de race n'est plus employée et a été remplacée par la conception homologue de sous-espèce géographique, c'est-à-dire de division infra-spécifique, caractéristique d'une différenciation géographique.

Dans l'espèce humaine, les anthropologues ont essayé de définir des groupes qu'ils ont appelés des races. Comme cette discipline s'est développée au cours du XIXe siècle, il est bien évident que les seuls critères scientifiquement disponibles étaient les caractères visibles de la taille, de la forme et des couleurs. Et le caractère qui paraît le plus évident est celui de la couleur de la peau qui a servi à distinguer les trois grands groupes des blancs, des noirs et des jaunes[100].

Cette distinction recouvre-t-elle une réalité ? On sait maintenant que la couleur de la pigmentation de la peau reflète la quantité de mélanine située dans les couches de l'épiderme. On sait aussi que la variation de quantité de mélanine est fonction de la luminosité ambiante et varie avec la latitude. Elle se traduit chez l'homme par des variations graduelles, continues, intermédiaires entre les deux types extrêmes, blanc avec très peu de mélanine et noir avec beaucoup de mélanine. Or cette variation est continue du nord au sud, les populations de la zone intertropicale étant les plus foncées[89,98]. Le fait que des populations à peau très foncée se rencontrent à la fois dans la zone intertropicale de l'Afrique, de l'Asie du Sud (Inde méridionale et Sri Lanka) et de l'Océanie (Australie, Mélanésie) prouve à l'évidence qu'il s'agit d'un caractère de convergence adaptative, dû à l'environnement, et non d'un caractère évolutif. En outre, on a une idée de la durée de temps qu'il faut pour qu'une population s'adapte à ces conditions d'environnement. Ainsi les Paléosibériens qui ont envahi l'Amérique entre –27 000 et –10 000 ans ont commencé à s'adapter à leur nouvel environnement. Ils ont acquis des peaux plus foncées dans les zones tropicales (Amazonie) que dans les régions arctiques ou de la Patagonie. Vouloir faire une race noire, avec les Africains, les Indiens du Sud de l'Inde et du Sri Lanka, les Mélanésiens et les Aborigènes australiens, relève d'un véritable non-sens. De plus, l'étude des autres caractères visibles, comme la taille, montre qu'ils varient en fonction d'autres paramètres de l'environnement. Quant aux caractères génétiques ou aux groupes sanguins, ils présentent des variations autres qui ne recouvrent pas celles des caractères externes. Ainsi, la distinction de races noire, jaune et blanche n'est en rien justifiée scientifiquement. Faudrait-il alors distinguer des races particulières pour les individus ayant les groupes sanguins A, B ou O, les systèmes « rhésus positif » ou « négatif » ? Comme il faut tenir compte de tous les caractères, il n'y a aucune définition précise possible de races humaines !

En réalité, un facteur tend à faire surestimer les divergences entre les groupes. Ce sont les différences culturelles, souvent bien plus importantes que les divergences biologiques, qui viennent s'y superposer et les amplifier. Le racisme est donc essentiellement un comportement « subjectif » qui attribue des valeurs *a priori* à ces divisions raciales anciennes[99].

Il s'agit, en fait, d'un rejet du droit à la différence, alors que cette très forte variabilité constitue la plus grande garantie pour l'avenir de l'humanité. N'oublions pas que l'avenir d'une espèce dépend des interactions entre la variabilité génétique et les modifications de l'environnement. En cas de changement rapide des conditions externes, les porteurs des caractères avantageux seront sélectionnés et survivront. Encore faut-il qu'ils existent ! C'est dire l'importance, la nécessité, d'une large variabilité. Et c'est peut-être le patrimoine génétique de ce voisin ou de cet étranger, détesté, qui contient le nouveau gène qui permettra à l'humanité de survivre et de s'adapter à des conditions encore imprévisibles. On sait ce qu'il advient des populations trop homogènes : elles sont fragilisées et disparaissent.

La diversité biologique et culturelle de l'homme est l'une des plus grandes richesses de l'humanité. Et quel intérêt présenterait un monde peuplé d'individus presque tous identiques et d'une seule culture ? L'uniformisation économique du monde en donne déjà une idée peu réjouissante. La diversité est le sel de la vie. Quel plaisir de visiter des pays lointains et de découvrir des peuples et des cultures très différents qui ont apporté d'autres réponses aux problèmes humains ! L'homogénéisation des populations qui résulterait d'une diminution de la diversité entraînerait rapidement la monotonie et l'ennui. Qu'il soit bien clair que les tendances racistes et xénophobes exploitées par certaines idéologies n'ont aucune base, aucune justification scientifiques. Elles sont essentiellement culturelles. Nous y reviendrons plus loin à propos des guerres.

Maintenant que nous avons fait le tour de tous les membres fossiles et actuels de la famille, nous allons aborder un problème crucial pour la compréhension de l'évolution humaine, celui de la mécanique du changement morphologique entre les diverses espèces.

11
Une mécanique de l'évolution morphologique.

L'un des obstacles majeurs à l'acceptation de la théorie de l'évolution en général, et de son application au domaine de l'évolution humaine en particulier, venait du fait qu'il n'y avait aucune théorie expliquant les changements morphologiques entre les espèces par des mécanismes naturels simples. Dans la théorie synthétique des années quarante, on expliquait l'évolution par l'accumulation de petites mutations apparues au hasard et triées par la sélection naturelle. Cette idée présumait que le changement morphologique se faisait par une modification progressive, graduelle, de la fréquence des gènes[101]. Cette conception qui faisait une part très – trop – grande au hasard a été rejetée par de nombreux biologistes, notamment par Albert Vandel et Pierre-Paul Grassé en France[102]. En fait, la mécanique en cause était connue des biologistes depuis longtemps, notamment de Grassé, mais il ne l'avait pas reconnue comme telle. Cette mécanique est celle des altérations de la chronologie du développement.

Ontogenèse et phylogenèse

Depuis le début du XIXe siècle, les spécialistes avaient remarqué l'importance considérable du développement embryologique des organismes et en avaient étudié les détails. Ils avaient notamment observé des ressemblances importantes entre les embryons des espèces apparentées, et l'on se souvient que Darwin avait étayé sa théorie de la descendance de l'homme à partir d'un primate sur de tels arguments embryologiques[1].

Le premier à avoir relié le développement individuel, ce que les spécialistes appellent l'ontogenèse, à l'histoire évolutive, ou phylogenèse, est l'embryologiste allemand Ernst Haeckel[103], dont nous avons rapporté les publications qui ont stimulé les recherches d'Eugène Dubois à Java. Haeckel estimait que le développement embryonnaire était un rappel très condensé de toute l'histoire évolutive d'un organisme. Conception qu'il résumait d'une façon magistrale par la formule : « L'ontogenèse est la récapitulation de la phylogenèse. » Cette loi signifiait que l'histoire évolutive d'une espèce était la conséquence de modifications des stades adultes qui avaient été peu à peu intégrées dans l'ontogenèse. C'est-à-dire que les changements apparus à l'état adulte seraient la cause des changements de l'ontogenèse. Cette loi fut très utilisée, puisqu'il suffisait d'étudier son développement pour reconstituer le passé d'une espèce. En fait, Haeckel avait seulement décrit un cas particulier de développement, qu'il avait trop vite généralisé, et il s'était trompé sur le sens de la lecture du développement. Il fallut attendre Walter Garstang[104], en 1922, pour voir formuler correctement les rapports entre ontogenèse et phylogenèse : « L'ontogenèse ne récapitule pas la phylogenèse, elle l'a créée. » Autrement dit, le développement d'une espèce ancestrale se modifie par étapes successives, lors de la formation des nouvelles espèces, créant ainsi l'histoire évolutive du groupe.

Pour des raisons diverses analysées ailleurs[105], le développement ne sera pas intégré dans la théorie synthétique de l'évolution, et il faut attendre l'ouvrage de Stephen J. Gould[106] en 1977, *Ontogeny and Phylogeny*, pour que la communauté scientifique prenne conscience de l'importance de cette approche.

Les altérations chronologiques du développement

L'une des règles essentielles qui permettent de comprendre l'évolution des formes, c'est qu'elle procède avec ce qu'elle a à sa disposition, c'est-à-dire les espèces vivant à une époque donnée. Avec ce matériel de départ, l'évolution se produit par un « véritable bricolage » du développement des espèces ancestrales, selon la formule de François Jacob[107].

A partir du développement d'un ancêtre, les descendants peuvent présenter des changements importants de forme, par des modifications de la chronologie des étapes du développement (de l'œuf à l'adulte), appelées « altérations chronologiques du développement[108-111] ». Ces phénomènes sont bien connus dans le monde vivant, et certains de leurs processus sont même analysés jusqu'au niveau génétique[112].

Quelles sont les principales altérations possibles du développement ? Elles sont au nombre de quatre et touchent soit la vitesse du développement, soit sa durée.

Les altérations qui touchent la *vitesse* du développement peuvent soit la ralentir, soit l'accélérer. Le ralentissement du développement de l'animal descendant par rapport à celui de son ancêtre immédiat a pour conséquence qu'à l'état adulte, il aura la même taille que son ancêtre, mais une forme beaucoup plus juvénile (aspect paedomorphique). Le descendant aura donc l'allure d'un jeune, mais pourra se reproduire. Ce phénomène bien connu, qui fait disparaître les morphologies adultes des populations ancestrales, s'appelle la « néoténie ». Nous en analyserons un exemple en détail un peu plus loin. Dans « l'accélération », qui est le processus inverse, l'adulte descendant a la même taille que l'ancêtre, mais une morphologie beaucoup plus accusée et nouvelle, que l'on qualifie d'hyper-adulte.

Les altérations qui touchent la *durée* du développement agissent par un décalage de l'apparition de la maturité sexuelle, qui a la propriété générale de bloquer le développement. Que la maturité sexuelle soit avancée, le développement sera réduit, tronqué. Le descendant conservera une toute petite taille et une morphologie très juvénile. Ce phénomène s'appelle une « progenèse ». Si au contraire, la maturité sexuelle est retardée, la croissance est allongée d'autant, et le descendant aura une taille supérieure à celle de son ancêtre avec une morphologie hyper-adulte, la croissance prolongée faisant apparaître des caractères nouveaux (aspect peramorphique). Un tel phénomène est appelé « hypermorphose ».

Il n'est pas besoin de chercher très loin pour trouver dans son entourage des personnes qui ont subi des phénomènes, généralement peu importants, d'altération chronologique du développement. Cette mécanique du changement morphologique est bien connue dans le monde animal, et l'on sait comment elle se réalise biologiquement. Nous prendrons l'un des exemples les plus célèbres de néoténie, celui d'une salamandre d'Amérique du Nord, l'axolotl ou ambystome[105,112].

Une curieuse salamandre

Il existe au Mexique un animal aquatique qui ressemble à un gros têtard avec des branchies et une nageoire dorsale, l'axolotl. L'animal se reproduit dans l'eau. On connaît en Amérique du Nord une salamandre, l'ambystome, dont la larve en forme de têtard se métamorphose et se transforme en une salamandre terrestre qui va pondre ses œufs dans l'eau, perpétuant ainsi un cycle vital... En fait, on s'est aperçu que l'on pouvait expérimentalement faire se métamorphoser l'axolotl en une espèce particulière d'ambystome, qui devient terrestre, et va pondre ses œufs dans l'eau[113-114]. L'axolotl et l'ambystome ne sont donc que les deux expressions d'une seule et même espèce de salamandre, mais si différentes qu'on leur a donné deux noms de genre différents... L'axolotl représente donc la phase têtard aquatique d'une espèce qui devient une salamandre terrestre en perdant ses branchies et sa nageoire pour se déplacer sur ses pattes. Que se passe-t-il ? Dans son cycle vital, l'ambystome se métamorphose avant de se reproduire, alors que chez l'axolotl, la maturité sexuelle a été avancée, apparaissant avant la métamorphose, l'animal conservant alors toute sa vie son aspect de têtard et se reproduisant en cet état. Il y donc eu un déplacement, un décalage chronologique de la maturité sexuelle, et ce changement minime a des conséquences morphologiques considérables sur l'aspect de l'adulte, qui soit reste un gros têtard, soit devient une salamandre complètement différente d'aspect.

L'intérêt supplémentaire de cet exemple vient du fait que l'on a pu montrer que le décalage chronologique pouvait être déclenché par la modification minime de l'action d'un seul gène[112]. Un gène récessif P, lorsqu'il est présent en double dose dans le patrimoine de l'axolotl, freine la production de l'hormone de croissance thyroïdienne, ce qui ralentit le développement et empêche l'apparition de la métamorphose. C'est ce phénomène qui a été appelé la néoténie. Or, si l'on se substitue à la nature en apportant de l'hormone thyroïdienne à l'axolotl, celui-ci se métamorphose et se transforme en ambystome. Dans la nature, il existe plusieurs groupes de salamandres qui présentent globalement le même cycle. Or, selon les conditions de température ambiante, on constate que ces salamandres présentent, ou non, des métamorphoses. L'environnement intervient donc pour maintenir, éliminer partiellement ou totalement la métamorphose, et l'on comprend l'importance du phénomène au point de vue évolutif. Dans les temps préhistoriques de l'Ère secondaire, on constate que certains groupes d'amphibiens sont passés d'un stade aquatique à un stade terrestre, puis sont redevenus aquatiques quelques millions d'années plus tard. Point n'est besoin d'inventer des mutations complexes pour expliquer ce phénomène de retour au milieu aquatique : il suffit que le gène P soit resté présent en simple ou double dose, et que l'environnement climatique (température) ait changé. Ce gène P est l'un de ces gènes extrêmement importants pour l'évolution, qui règlent la chronologie, la régulation des diverses phases du développement, et que l'on appelle les gènes temporiseurs. Méconnus, sous-estimés, ils sont sans aucun doute l'une des clés de lecture majeures des changements de forme au cours de l'évolution.

Nous allons voir que l'évolution des primates répond aussi sans doute à cette mécanique.

Le grand secret de l'évolution des singes, la contraction du crâne

Le premier à avoir tenté d'appliquer cette approche aux primates est E. Devaux en 1921, dans un ouvrage intitulé *L'Infantilisme de l'homme par rapport aux anthropoïdes et ses conséquences*[115]. Puis L. Bolk[116] en 1926, dans son célèbre *Le Problème de l'anthropogenèse*, proposait de considérer l'évolution des primates comme une succession d'espèces éteintes, dont le développement se serait arrêté chaque fois un peu plus tôt, les caractéristiques de ce stade se maintenant jusqu'à la formation de l'adulte. Cette théorie est celle de la fœtalisation, reprise par E. Dechambre en 1948[117]. Pour l'homme moderne, elle se traduirait par la conservation de propriétés fœtales de primates plus anciens. Cette théorie a naturellement été vivement critiquée, parce que l'on a souvent confondu les propriétés fœtales du développement avec le maintien de caractères fœtaux, ce qui est très différent. Il y a en effet une conservation de la dynamique du développement caractéristique du fœtus, mais pas persistance de la morphologie fœtale[117].

Un essai d'analyse descriptive quantifiée de la mécanique du changement de forme a été tenté par André Leroi-Gourhan dans *Le Geste et la Parole*[33] et *Mécanique vivante*[118], mais sans prendre en compte la dimension du développement. Une analyse plus précise de la formation du crâne a été réalisée par A. Delattre et R. Fenard à partir de la méthode dite « vestibulaire », qui met en évidence une rotation de la région occipitale autour de l'axe des canaux semi-circulaires de l'oreille[119-121].

Mais l'intégration globale de l'ontogenèse dans la dynamique de construction du crâne vient d'être enfin réalisée chez les hominidés fossiles par Anne Dambricourt-Malassé et Marie-Josèphe Deshayes[122-126].

Le problème central consiste à essayer de retracer les étapes du développement des espèces fossiles et actuelles et à les comparer.

Anne Dambricourt-Malassé[122-124] a montré que l'histoire des singes pouvait se résumer à la succession d'au moins six grands plans de développement et d'organisation du crâne, ce qu'elle a appelé les *ontogenèses fondamentales*. Ce sont respectivement les plans prosimien, simien, singe anthropomorphe, australopithèque, homme archaïque et homme moderne. Il faut noter ici un point évolutif très important. A l'intérieur de ces plans généraux peuvent se différencier de nombreuses espèces nouvelles qui ne remettent pas en cause leur unité. Les nouvelles espèces qui se forment dans ces plans d'organisation exploitent donc les « possibles ». Ces grands plans diffèrent essentiellement par les durées respectives des diverses phases du développement, allant du plus primitif au plus dérivé, dans le sens d'une prolongation des étapes de l'ontogenèse. Depuis l'embryon jusqu'à la phase adulte, on peut distinguer les phases embryonnaire, fœtale, lactéale, de substitution (remplacement des dents de lait par les définitives) et adulte (maturité sexuelle). Il semble qu'au cours de l'évolution, la durée de chacune de ces phases soit de plus en plus prolongée. L'évolution entre les grands types de plans se réalise par dérivations successives, par sauts accompagnés d'un allongement de l'ontogenèse et par la modification du plan ancestral. Voyons comment. Utilisant l'os le plus fréquemment fossilisé dans les archives paléontologiques, la mâchoire inférieure, Anne Dambricourt-Malassé a montré que sa forme reflétait les changements de structuration du crâne. Il semble qu'il y ait en effet une mécanique de développement cranio-faciale commune à tous les mammifères. On observe une rotation du tube neural de la tête chez l'embryon entraînant les diverses composantes du cerveau. Cette rotation, qui correspond à un processus biodynamique, aboutit à une certaine « contraction cranio-faciale », et à une flexion correspondante de la base crânienne. Cette contraction peut être caractérisée mathématiquement par la position des os de la base du crâne qui forment un angle défini, et déduite également par la forme de la mâchoire. L'une des conséquences secondaires, imprévues, de cette restructuration du crâne qui entraîne le trou occipital en position inférieure, c'est qu'elle conditionne et impose la bipédie permanente chez les formes les plus évoluées.

Dans le cadre de notre histoire de famille, on constate la succession de quatre plans distincts de développement dérivés les uns des autres *(fig. 29)*. Du plan ancestral « singe anthropomorphe » de l'orang-outan, de l'ancêtre commun, du gorille et du chimpanzé, on saute au plan dérivé « singe bipède permanent » ou « australopithèque », puis à celui des « hommes archaïques » qui caractérise l'homme habile, l'homme érigé et l'homme de Néandertal, et enfin on passe à celui de « l'homme moderne », encore différent. Là où les paléoanthropologues dessinent une lignée évolutive continue, des premiers hommes habiles à l'homme moderne, dorénavant, avec l'analyse systématique de l'amplitude de la contraction cranio-faciale, une discontinuité apparaît à l'origine de l'homme moderne. C'est un troisième seuil de l'hominisation, jusqu'ici non identifié. Ces nouvelles données fondamentales doivent être intégrées dans une théorie globale de l'évolution humaine. Elles sont notamment cohérentes avec les données paléontologiques, et moléculaires en particulier ; elles soutiennent l'idée d'une origine isolée de l'homme moderne suggérée par l'étude de l'ADN ribosomal.

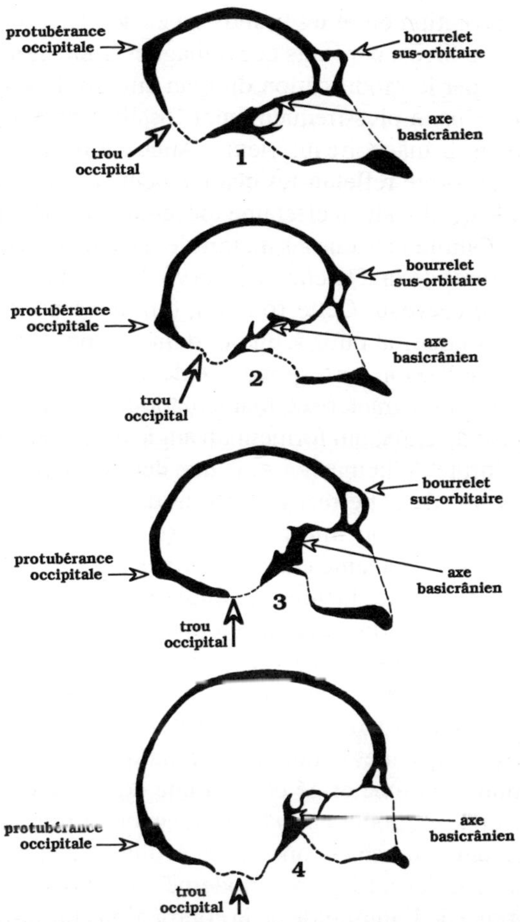

Figure 29 – Comparaison des sections longitudinales des crânes de gorille (1), d'australopithèque (2), d'homme érigé (3) et d'homme moderne (4). Ces coupes, où est indiquée par une flèche la position du trou occipital, montrent clairement l'enroulement du crâne sur lui-même souligné par le déplacement de la protubérance occipitale, avec la descente « en rotation » du trou occipital, liée à la pliure de la base du crâne à peu près en son milieu : axe basicrânien (d'après W. E. Le Gros Clak).

Du singe à l'homme, trois sauts décisifs

Les changements de morphologie, qui caractérisent les passages successifs de l'ancêtre commun au singe bipède, puis aux hommes archaïques, et enfin aux hommes modernes, trouvent maintenant une explication logique. Ils correspondent à trois sauts morphologiques successifs, qui ont dû s'accompagner de changements, aux niveaux moléculaire et chromosomique plus ou moins importants, mais décisifs. Pour comprendre les grandes lignes de ces changements, il faut commencer par comparer le développement d'un singe anthropomorphe actuel (gorille ou chimpanzé) avec celui d'un homme moderne actuel[125], ce qui est présenté dans la *figure 30*. Le plan de développement de l'ancêtre commun était sans doute assez voisin de celui du gorille et du chimpanzé, tout au moins pour ce qui est de la contraction cranio-faciale. Les plans de développement respectifs des singes bipèdes et des hommes archaïques devaient être obligatoirement intermédiaires, et la paléontologie doit nous permettre de les évaluer avec assez de précision.

La phase « embryonnaire » est courte chez les singes, alors qu'elle s'allonge à huit semaines chez l'homme. C'est une période très importante, puisque c'est à ce moment-là que se forment les cellules nerveuses, que se divisent les neurones. Le fait que cette période soit allongée suggère que la courte phase de temps où les neurones se multiplient doit durer plus longtemps chez l'homme que chez le singe, ce qui peut expliquer la multiplication par deux ou trois du nombre des neurones, et l'augmentation considérable de la capacité crânienne chez l'homme moderne.

La capacité crânienne du singe bipède permanent (350 à 650 cm^3) reste dans la frange de variation de celle des autres singes anthropomorphes actuels (280 à 750 cm^3). Il a dû se produire, dans cette première étape, une évolution du cerveau au niveau de son organisation, qui ne peut pas être mise en évidence par la mesure de la seule capacité crânienne. En effet la bipédie permanente implique une réorganisation des tissus cérébraux. Par contre, la capacité crânienne a dû s'accroître dans l'étape des hommes archaïques, puisqu'elle est passée tout d'abord à 800 cm^3, puis à 1 300 cm^3 et enfin à 1 600 cm^3

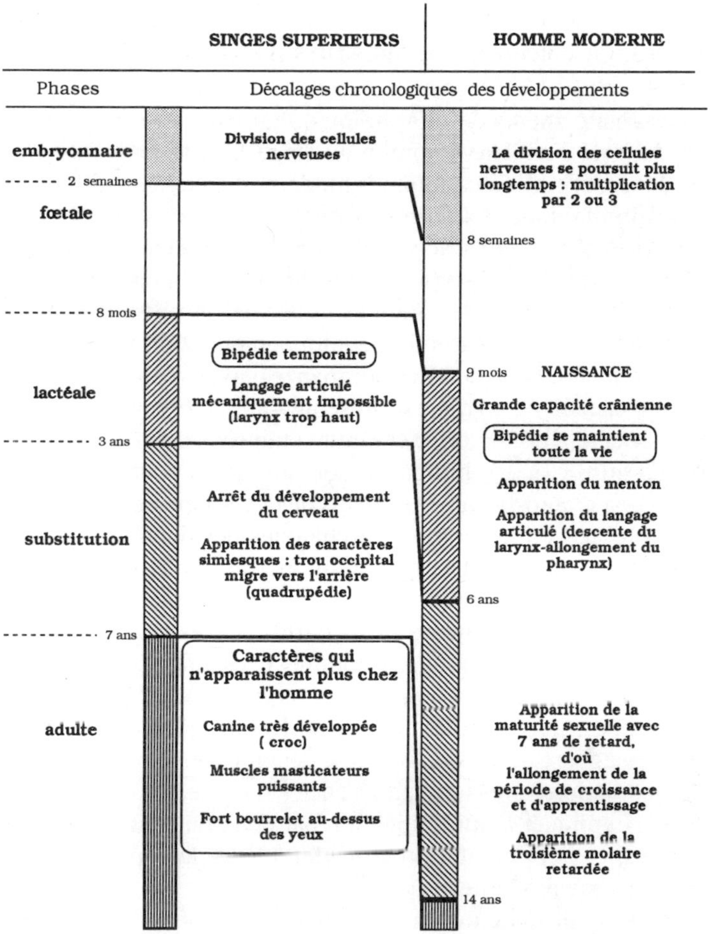

Figure 30 – Décalages chronologiques entre les développements comparés des singes supérieurs et de l'homme. L'allongement des diverses périodes de développement chez l'homme est lié à un ralentissement de la vitesse de la croissance et à un retard d'apparition de la maturité sexuelle. Ce phénomène permet à la bipédie « temporaire » chez les chimpanzés de devenir « permanente » chez l'homme. Mais il en résulte aussi que les caractères simiesques, comme le bourrelet au-dessus des yeux et la canine transformée en croc, ne peuvent plus apparaître chez l'homme (d'après M.-J. Deshayes et A. Dambricourt-Malassé, 1990).

chez les néandertaliens. Enfin avec l'homme moderne, elle s'est sans doute accrue encore un peu, puisque la variation actuelle s'étend de 900 cm^3 à plus de 2 000 cm^3.

Cependant, la capacité crânienne ne nous informe pas sur les refontes cérébrales déduites des informations provenant de la prolongation de l'ontogenèse. Par exemple, un gros cerveau d'homme de Néandertal n'est pas structuré comme un gros cerveau d'homme moderne, comme le suggère sa vascularisation. C'est la répartition spatiale des diverses zones cérébrales qui est sans doute la plus importante.

Les différences de capacité crânienne entre les singes, les hommes archaïques et les hommes modernes sont de l'ordre de 1 à 4, et correspondent sans doute à la multiplication du nombre des neurones, par deux pour l'homme érigé, par trois pour l'homme de Néandertal, et par quatre pour l'homme moderne.

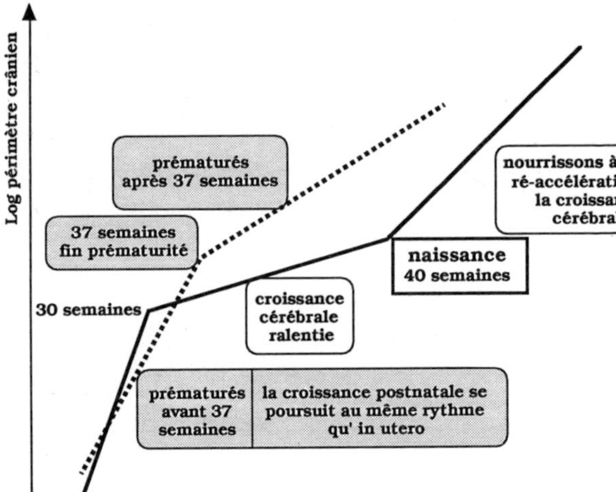

Figure 31 – Courbes de développement comparé de la croissance cérébrale de l'homme moderne dans les naissances normales et chez les prématurés. La croissance cérébrale est ralentie dans la naissance normale, une régulation qui permet le passage de la tête du bébé. Chez les prématurés la croissance persiste au même rythme (d'après P. Lazar, 1986).

La période de gestation, qui s'achève avec la naissance, dure 8 mois chez les singes anthropomorphes et 9 mois chez l'homme[125]. Cet allongement temporel de la période de gestation correspond en fait à une tendance amorcée depuis le début de l'histoire des singes. En effet, la gestation dure 6 semaines chez les toupayes, 8 semaines chez les lémuriens, 24 semaines chez les macaques, 30 semaines chez les gibbons, pour atteindre 33 semaines chez les singes anthropomorphes. Bien que le décalage entre les singes et l'homme soit faible, c'est après la période de gestation que s'achève le pelage chez les singes, alors que chez l'homme il ne s'achèvera jamais[117,125].

Les travaux de Philippe Lazar[127] nous amènent à faire ici une remarque très importante. Chez l'homme, le plus grand diamètre de la tête atteint une dimension limite à la naissance, puisqu'il est plus grand que le canal obstétrical, ce qui nécessite soit une torsion naturelle douloureuse pour la parturiente, soit une césarienne depuis que l'homme maîtrise cette technique. En fait, l'homme naît apparemment prématuré. Lorsque l'on compare, chez le fœtus, le diamètre du crâne et la taille du nourrisson, on constate qu'à partir de la trentième semaine, la vitesse de croissance cérébrale est fortement ralentie jusqu'à la quarantième semaine, moment de la naissance. Après la naissance, la croissance cérébrale reprend un rythme plus rapide. Par contre, l'étude des prématurés, nés avant la trentième semaine, montre que la croissance céphalique ne change pas de rythme à ce moment critique *(fig. 31)* :

> Il existe donc une potentialité de croissance céphalique s'exprimant de façon complète en cas de naissance avant terme, mais qu'un mécanisme régulateur contrôlerait, ou tout au moins freinerait pendant la phase terminale de la grossesse.

Poursuivant :

> La prématurité pourrait donc avoir joué à deux reprises un rôle favorable dans l'évolution du volume céphalique de l'espèce : en favorisant d'abord le maintien d'un rythme de croissance élevé après la naissance, en évitant ensuite la contre-sélection par mortalité materno-fœtale à la naissance des lignées à croissance *in utero* exceptionnelle.

P. Lazar[127] suggère que l'acquisition de la station debout a modifié les paramètres obstétricaux. Elle aurait pu jouer un rôle encore plus important, en favorisant activement un raccourcissement de la durée de la gestation, qui en toute logique, compte tenu de la capacité crânienne, devrait être beaucoup plus longue. Il y a donc un découplage entre la période fœtale et la gestation… En nous montrant que la fréquence des naissances prématurées est fonction de la durée en position debout, P. Lazar nous fournit une indication sur le mécanisme de la sélection naturelle impliquée dans ce problème. Il en résulte que la période fœtale, qui devrait être beaucoup plus longue chez l'homme que chez le singe, est en fait très peu allongée, en raison des mécanismes compensatoires de prématurité et de ralentissement de la vitesse de la croissance céphalique. C'est pourquoi le nouveau-né humain paraît si inachevé. Compte tenu de la taille de la tête adulte, la durée de la gestation chez l'australopithèque devait être encore assez proche de celle du chimpanzé[128-129], mais devait déjà annoncer une sensible prolongation qui sera vraiment effective dès les premiers hommes archaïques.

La période suivante, que l'on appelle « lactéale » en raison de l'apparition des dents de lait, dure de 8 mois à 3 ans chez les singes et de 9 mois à 6 ans chez l'homme. Il y a donc là un décalage considérable. Il se passe pendant cette étape un événement extrêmement important parce qu'il touche à un caractère fondamental de l'hominisation, la bipédie. Le jeune singe anthropomorphe possède la bipédie pendant la phase lactéale, mais perd cette potentialité lors de l'apparition de la première molaire vers l'âge de 3 ans, alors que l'homme conserve la bipédie toute sa vie[115]. Il est vraisemblable que la révolution essentielle du programme de développement du singe bipède australopithèque a touché cette phase lactéale, puisque nous avons vu que la bipédie australopithèque, quoique encore imparfaite, était sa grande caractéristique. Dans l'ouvrage de Gould, *Ontogeny and Phylogeny*, figure une photographie extraordinaire prise par Naef, qui montre un bébé chimpanzé parfaitement droit, avec la tête placée au-dessus du corps, et qui diffère d'un bébé humain seulement par la taille des oreilles plus grandes et le pelage. Il est donc vraisemblable que la phase lactéale a été fortement allongée, une première fois chez les australopithèques, une seconde fois chez les hommes archaïques.

C'est aussi avec la fin de cette période lactéale que s'achève la maturation cérébrale. Notons que les lobes frontaux sont absents chez les néandertaliens.

La dernière période qui précède la phase adulte est dite de « substitution », car elle correspond au remplacement des dents lactéales par les dents définitives. Chez les singes, elle dure de 3 à 7 ans et chez l'homme de 6 à 14 ans. Il y a là également un décalage considérable. C'est la période d'apprentissage qui précède la maturité sexuelle, signature du stade adulte. Cette période est très allongée chez l'homme pour lequel un recul très important de la maturité sexuelle prolonge la durée de la croissance. Pendant cette phase de substitution, apparaissent chez les singes les caractères, dits adultes, qui les différencient tant de nous, comme le bourrelet au-dessus des yeux, la constriction en arrière des yeux et le croc de la grande canine, notamment chez les mâles. Tous ces caractères n'apparaissent pas chez l'homme, sans doute en raison du ralentissement de la vitesse du développement qui, à ce moment-là, atteint sa plus grande ampleur. Chez les australopithèques, cette période de substitution a dû être déjà un peu allongée. En effet, la comparaison du crâne de l'enfant australopithèque de Taung avec celui d'un jeune chimpanzé de même âge (apparition de la première molaire définitive) montre que les caractères juvéniles s'expriment avec un certain retard, mais s'expriment tout de même puisqu'on les observe plus tard, comme le bourrelet au-dessus des yeux. Il y a sans doute aussi un retard dans le développement des muscles masticateurs. Par ailleurs, la position du trou occipital reste avancée chez l'australopithèque, alors qu'elle bascule vers l'arrière chez le jeune chimpanzé.

La comparaison entre le développement du chimpanzé et celui de l'homme est donc extrêmement riche d'enseignements. Il est clair que toutes les périodes de développement humain sont allongées par rapport à celles des singes anthropomorphes, mais sont en quelque sorte compensées par des phénomènes de ralentissement de croissance, qui permettent à certains caractères de primates de persister toute la vie (bipédie), ou de ne jamais apparaître (bourrelet au-dessus des yeux, croc, pelage). Par exemple, la période fœtale, qui devrait être beaucoup plus longue, est compensée par des mécanismes de prématurité, qui font que le nouveau-né humain est loin d'être achevé. Ce phénomène conditionne, par décalage en cascade, un allongement de la période lactéale. Au terme du développement humain, l'apparition de la maturité sexuelle est retardée de 6 à 14 ans par rapport à celle du singe ancestral.

Signalons ici le cas particulier du chimpanzé pygmée, le bonobo. Le crâne de cet animal a manifestement une allure « rajeunie » (paedomorphique) par rapport à celui du chimpanzé commun dont il dérive. C'est-à-dire qu'il a conservé les caractères ancestraux à un état plus juvénile grâce à un ralentissement de la vitesse de croissance (néoténie). Il semble correspondre à une miniaturisation du chimpanzé commun, avec cependant des caractères originaux intéressants, comme la réduction de la deuxième incisive latérale, une convergence avec les australopithèques. En revanche, le bassin est absolument identique à celui du chimpanzé commun, ce qui ne laisse aucune ambiguïté quant à son origine.

Du singe à l'homme, un scénario des commencements

Ainsi, les deux grands caractères de l'hominisation, l'acquisition de la station debout et l'augmentation de la capacité cérébrale, s'expliquent par des processus biologiques enclenchés au début de l'histoire des singes, mais se poursuivant toujours dans le même sens par étapes successives. La formation de la morphologie humaine, depuis notre ancêtre commun avec le chimpanzé, s'est donc faite en trois sauts majeurs. Ils se caractérisent par des décalages dans la chronologie et la durée des diverses phases de développement, le ralentissement de la vitesse de croissance, et enfin le recul de la période de maturité sexuelle. En termes d'altérations chronologiques du développement, cela s'exprime comme une combinaison de processus de « néoténie » et d'« hypermorphose ». Ces termes scientifiques cachent sans doute des processus biologiques intervenant selon des combinaisons complexes; c'est la nouvelle clé de lecture de l'évolution humaine, un nouveau domaine de recherche très prometteur.

Maintenant que nous avons une idée de la mécanique évolutive, nous pouvons proposer un scénario plausible de la formation des espèces successives, combinant les données précédentes de la biologie, celles de l'environnement et du climat, ainsi que celles du comportement très particulier des primates actuels. On sait que les singes supérieurs actuels vivent en groupes de 15 à 20 individus rassemblant des mâles et des femelles, dont certains et certaines ont acquis dans le groupe le statut d'individu reconnu comme dominant, de chef. Nous commencerons ce scénario au moment de la subdivision de l'ancêtre commun en trois sous-espèces, respectivement, pré-gorille, pré-chimpanzé et pré-humain ou pré-australopithèque (chapitre 5). Nous avons dit que le pré-australopithèque, en tant que l'une des trois composantes de l'ancêtre commun, devait être quadrupède.

Le commencement de l'australopithèque a pu être enclenché par une mutation touchant un gène de régulation de la chronologie du développement, un gène temporiseur, qui a permis « brusquement » à la bascule occipitale d'aller plus loin chez un individu. Cette étape de formation du « plan australopithèque », en avançant le trou occipital vers l'avant, a permis la conservation permanente de la bipédie, qui devait caractériser uniquement la phase lactéale de l'ancêtre commun. La possibilité de rester debout en permanence a automatiquement conféré à l'individu, mâle ou femelle adulte porteur de cette innovation, un avantage immédiat, et en conséquence un statut de dominant, dont on sait, chez les primates supérieurs, qu'il donne droit à une reproduction libre au sein du groupe. D'une mutation de « régulation du développement » apparue en dose unique chez un seul individu, la reproduction consanguine à l'intérieur du groupe a pu faire en une génération un élément double définitivement fixé. C'est dire qu'une mutation qui s'avère avantageuse dans ses conséquences peut se fixer rapidement. Elle engendre un saut structurel à l'échelle géologique et correspond à une formidable innovation. Au lieu de la formule de « monstres prometteurs » que Richard Goldschmidt[130] utilisait pour désigner les individus porteurs de nouvelles structures apparues par un saut évolutif, on pourrait lui substituer celle de « novateurs prometteurs ». Cette mutation chez un pré-australopithèque, qui a donné la bipédie permanente aux australopithèques, s'est sans doute produite dans un milieu de forêt ouverte ou de savane boisée. L'apparition de la bipédie leur a donné un avantage sur les autres populations restées quadrupèdes, notamment la possibilité de coloniser la niche

« savane » tout le long de la vallée du rift. Ce n'est pas parce que le pré-australopithèque se serait relevé pour voir au-dessus des hautes herbes qu'il aurait acquis la bipédie ; la bipédie acquise à force de volonté est une conception lamarckienne dépassée...

Le commencement de la lignée humaine, la formation du « plan humain archaïque » a pu se réaliser par un scénario identique. La bascule occipitale étant cette fois encore plus accentuée a abouti à une station plus droite et à l'accroissement considérable de la capacité crânienne, tout en conservant encore, entre autres, le caractère archaïque du bourrelet au-dessus des yeux. Le dérèglement de la chronologie du développement par une mutation d'un gène de régulation chez un australopithèque ancestral a dû se traduire par un recul de la maturité sexuelle, donc par un allongement de la période juvénile, accompagné d'un ralentissement de la vitesse de croissance *(fig. 32)*.

Le commencement du « plan homme moderne », enfin, a dû débuter par un recul encore plus large de la maturité sexuelle et un ralentissement de la vitesse de croissance. La disparition des derniers caractères simiesques, dont le bourrelet au-dessus des yeux est le plus spectaculaire, accompagnée d'une nouvelle contraction cranio-faciale, et une position encore plus redressée du squelette locomoteur en sont des témoignages. L'allongement de la période juvénile permet un apprentissage beaucoup plus long. Il est bien évident que cette mutation agissant sur la régulation du développement a pu s'accompagner d'autres mutations, touchant divers autres éléments génétiques.

Ces scénarios doivent être pris comme des hypothèses vraisemblables, et comportant une part de vérité qu'il est aujourd'hui impossible d'étayer entièrement, tant les processus biologiques qui les déterminent sont sans doute multiples et compliqués. L'approche onto génétique est sans doute la moins spéculative, car c'est elle qui se prête le mieux au test de la prédictibilité. Les déséquilibres craniofaciaux que l'on rencontre tous les jours chez les jeunes enfants aux arcades dentaires désordonnées en sont une manifestation concrète[125-126]. La *figure 33* (page 136) synthétise l'ensemble des données biologiques qui viennent d'être présentées à l'appui de cette nouvelle conception de l'évolution humaine. En résumant, on peut dire qu'un petit saut au niveau génétique (micro-évolutif) a des conséquences surmultipliées (de type macro-évolutif) au niveau

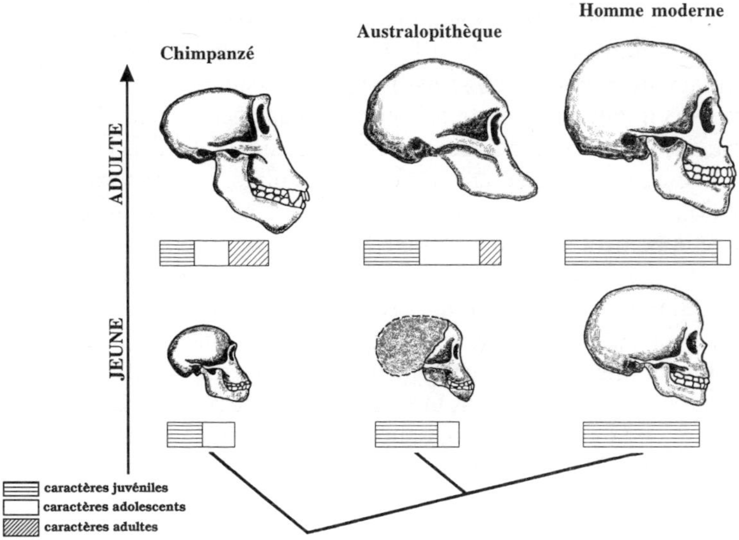

Figure 32 – Comparaisons du développement chez le chimpanzé (à gauche), l'australopithèque (au milieu) et l'homme moderne (à droite). De bas en haut sont comparées les morphologies des jeunes et des adultes. Les caractères sont figurés dans un cartouche avec les caractères juvéniles en traits horizontaux, les caractères adolescents en blanc et adultes en traits obliques. Les caractères juvéniles du chimpanzé (crâne arrondi, trou occipital en position inférieure, absence de bourrelet au-dessus des yeux – chez le tout jeune – sont remplacés chez l'adulte par des caractères typiques de chimpanzé (bourrelet au-dessus des yeux, trou occipital en arrière, face projetée en avant). Chez l'australopithèque, les caractères adultes apparaissent plus tard que chez le chimpanzé. Ce retard, par ralentissement du développement, explique l'origine de la bipédie par le maintien du trou occipital en position inférieure. Chez l'homme moderne enfin, les caractères juvéniles du chimpanzé se maintiennent jusque chez l'adulte en raison du ralentissement du développement (crâne arrondi, absence de bourrelet au-dessus des yeux, face non projetée en avant, trou occipital en position inférieure) (d'après Chaline *et al.*, 1991).

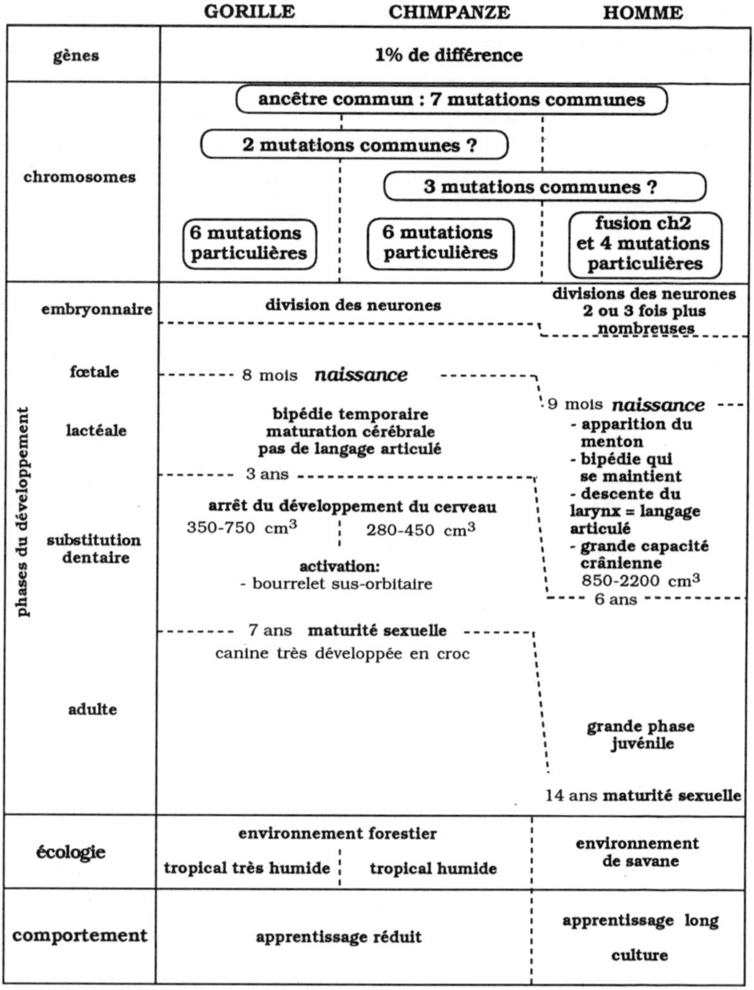

Figure 33 – Synthèse des données biologiques de l'évolution et de la différenciation des singes supérieurs et de l'homme, à tous les niveaux d'organisation du vivant, depuis le niveau génétique (en haut) jusqu'aux niveaux écologique et comportemental (en bas).

morphologique. C'est le paradoxe résolu de l'évolution de l'homme et du singe, où une différence génétique mineure se traduit par une divergence morphologique considérable. Un paradoxe dont la solution réside dans la biologie du développement, lien incontournable entre la génétique et la morphologie.

Mais comme nous allons le voir maintenant, le langage articulé, l'une des grandes caractéristiques de l'homme moderne, est lui aussi une conséquence, un effet de ce nouveau plan de développement humain.

12
Il nous manquait la parole, elle nous fut donnée de surcroît !

L'une des plus grandes différences entre les singes anthropomorphes et l'homme tient à ce que les hommes ont la possibilité de s'exprimer par le langage articulé. La langue est une structure codée à double articulation[131]. Les éléments de première articulation correspondent aux plus petites unités signifiantes, les *monèmes*. Les éléments de deuxième articulation sont les unités phonétiques, les *phonèmes*, formées avec un certain nombre de consonnes et de voyelles.

Essayer d'apprendre l'anglais à un chimpanzé, un pari impossible

L'homme n'a pas pu résister à la tentation d'essayer d'apprendre le langage humain à des singes anthropoïdes. La plus ancienne tentative connue remonte au XVIIIe siècle, époque où Peter Camper, un anatomiste hollandais, essaya sans succès de faire parler un orang-outan. Au début du XXe siècle, une nouvelle tentative de William Furness réussit en 1916 à faire prononcer à un autre orang-outan les deux mots anglais *Mama* (maman) et *cup* (tasse). Essayant d'autres méthodes, Winthrop et Lucia Kellog s'efforcèrent pendant 16 mois d'apprendre à parler à leur petite guenon Gua. Si l'échec fut total du point de vue de l'articulation, ils remarquèrent, observation capitale, qu'elle comprenait une centaine de mots. Enfin, entre 1947 et 1954, Keith et Cathy Hayes tentèrent en Floride la même opération avec une jeune chimpanzé appelée Viki. Le résultat se solda très maigrement par la prononciation des quatre mots simples :

Papa, Mama, cup et *up*. Ce n'est pas demain que les chimpanzés anglais iront commander un thé à cinq heures dans leur club privé !

La première raison, très simplement, en est anatomique et mécanique. Le langage articulé peut se produire seulement si certaines conditions anatomiques sont réalisées, qui font intervenir la langue, le palais, les cordes vocales, le larynx et le pharynx.

La mécanique du langage articulé

L'enchaînement des mots et leurs intonations constituent le langage articulé. Les études de ce que l'on peut appeler la « paléolaryngologie » éclairent d'un jour nouveau nos conceptions sur les conditions d'apparition du langage. Il est permis à l'homme parce que son larynx, que l'on appelle la boîte vocale, est situé en position plus basse que celui du chimpanzé. Cela a pour effet d'augmenter la taille du pharynx qui sert de caisse de résonance aux sons produits par les cordes vocales du larynx, et permet de modifier ou de moduler les sons[132].

Le chimpanzé et les autres mammifères ont un larynx situé en position haute *(fig. 34, page suivante)*, à peu près au niveau des trois vertèbres cervicales du cou. C'est une structure qui permet d'ailleurs à ces animaux de respirer et d'avaler simultanément. Le chimpanzé ne peut émettre des sons que par un pharynx réduit en taille, la modulation ne pouvant être assurée que par les lèvres et la bouche. C'est ce qui explique leur quasi-impossibilité d'apprendre nos langages articulés. Il existe des animaux capables d'imiter certains sons, mais aucun n'est anatomiquement capable d'avoir un langage articulé complexe.

L'un des points les plus intéressants de cette affaire, c'est que jusque vers un an et demi (période lactéale), le bébé humain a un larynx en position haute comme le chimpanzé. Mais vers deux ans, son larynx descend vers le bas du cou jusqu'au niveau des 4e à 7e vertèbres cervicales, ce qui a pour conséquence d'allonger le pharynx situé au-dessus des cordes vocales, et de permettre à l'enfant de moduler correctement les sons. Mais ce changement anatomique, qui

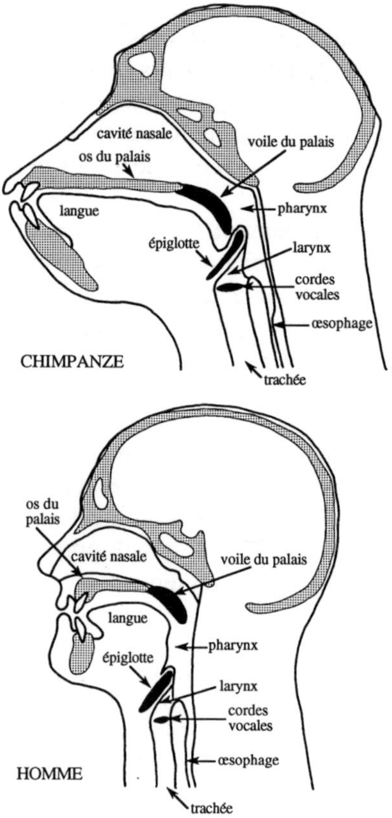

Figure 34 – Explication de l'origine mécanique du langage articulé. La comparaison de la structure du pharynx chez le chimpanzé (en haut) et l'homme (en bas) montre que vers l'âge de deux ans chez l'homme, le larynx (ou boîte vocale) descend vers le bas du cou. Ce mouvement a pour conséquence d'allonger le pharynx en une caisse de résonance qui permet la modulation des sons. Chez le chimpanzé au contraire, la position haute du larynx empêche mécaniquement toute modulation des sons par le pharynx (d'après J. T. Laitman, 1986, simplifié).

se joue sur quelques millimètres, a des conséquences négatives par ailleurs. En effet, il modifie aussi la façon de respirer désormais incompatible avec la déglutition, ce qui cause des accidents de suffocation par le bol alimentaire connus sous le nom « d'attaque cardiaque du café ». De tels accidents ne peuvent survenir chez les chimpanzés dont les voies respiratoires et digestives sont hermétiquement séparées. On voit comment une modification évolutive peut avoir des avantages et des inconvénients au regard de la sélection naturelle.

Pourquoi un tel changement ? C'est tout simplement une conséquence de la contraction crânienne évoquée au chapitre précédent. En effet, le larynx est accroché à la voûte crânienne par de nombreux ligaments et muscles. La bascule de l'os occipital qui ramène le trou occipital vers l'avant plie le plafond de la région respiratoire, et fait descendre le larynx. Qu'un si petit changement ait des conséquences aussi spectaculaires est absolument extraordinaire. A quoi tient la parole ! A une conséquence secondaire de la contraction crânienne... Un effet, un de plus avec l'acquisition de la bipédie !

La parole ne serait donc pas, comme le pensait André Leroi-Gourhan[33], liée directement au développement de la technicité manuelle, mais seulement indirectement :

> Alors que se développe de manière presque exclusive la technicité manuelle, une nouvelle forme d'activité prend progressivement possession du champ facial : la mimique et le langage. Aucune coupure ne se produit, car les mouvements des lèvres et de la langue glissent simplement des opérations alimentaires vers le façonnage des sons, les mêmes organes et les mêmes aires motrices intéressant les deux formes d'activités.

Où les sourds-muets viennent au secours des singes

Cette impossibilité mécanique de moduler les sons signifie-t-elle que les chimpanzés et les gorilles n'ont pas de langage ? Rien ne serait plus faux. Dans la nature, ils communiquent entre eux par des mimiques, des attitudes et par un ensemble de cris qu'ils savent très bien identifier.

L'échec de la tentative pour leur apprendre à parler en anglais a donné l'idée à deux chercheurs américains, Béatrice et Allan Gardner, de Reno dans le Nevada, d'essayer de leur apprendre les signes du langage gestuel des sourds-muets américains, l'ameslan ou AMErican Sign LANguage, qui est constitué d'environ 2 000 signes[133-134]. Leur élève, une guenon qui répondait au nom de Washoe, fut à la hauteur de la situation, apprenant plus de 160 mots. Enseignant à d'autres chimpanzés, ils montrèrent que cet apprentissage n'avait rien d'exceptionnel et qu'il pouvait être encore plus brillant. Roger Fouts continua le travail avec Washoe à l'Institut d'étude des primates en Oklahoma, essayant de lui faire enseigner l'ameslan à d'autres jeunes chimpanzés. Le résultat fut positif après que ces chimpanzés eurent appris auparavant quelques mots dans ce langage. Le record actuel revient à Koko, une jeune gorille qui réussit, grâce à Penny Paterson, à apprendre plus de 350 mots ! D'autres chercheurs, Ann et David Premack[135], des psychologues de Santa Barbara en Californie, eurent l'idée d'utiliser un système de communication par symboles. Sarah, une chimpanzé adulte, adopta une démarche très logique et mania les symboles avec bonheur, étant par exemple capable d'exprimer « Sarah donne pomme Mary », et des abstractions bien plus complexes. Démarche que l'on croyait exclusivement humaine, mais qu'il faut se résoudre à reconnaître à nos cousins de la forêt.

Mais les psycholinguistes, comme Noam Chomsky et Roger Brown, sont aujourd'hui très divisés et beaucoup sont réservés sur ces expériences. Si les singes ont appris des comportements expressifs, il n'est pas sûr que l'on puisse parler de langage. Ils regrettent notamment l'absence de syntaxe dans l'ameslan, alors qu'elle joue un rôle majeur dans le langage humain. L'équipe de Duane Rumbaugh, dans son laboratoire de Yerkes en Géorgie, inventa un langage, le yerkish, fondé sur les symboles que la chimpanzé Lana apprit sur un ordinateur. Le résultat fut probant : Lana apprit rapidement à construire de longues phrases utilisant une véritable syntaxe.

Les autres membres de la famille pouvaient-ils parler ?

Les observations précédentes suggèrent que, si les chimpanzés avaient la possibilité mécanique d'avoir un langage articulé, ils auraient les capacités intellectuelles de converser avec nous, au moins de façon sommaire. Seule une configuration anatomique les en prive. Quel dommage ! Qu'en était-il des autres membres fossiles de notre famille ?

En ce qui concerne les australopithèques, nous avons vu qu'ils avaient une structure crânienne de singe supérieur. C'est pourquoi il est très probable qu'ils n'avaient pas la possibilité mécanique d'avoir un langage articulé. Mais compte tenu de ce que l'on sait des singes anthropomorphes actuels, ils avaient certainement, eux aussi, un répertoire vocal sans doute limité à des cris et grognements exprimant l'excitation, l'inquiétude ou l'agressivité[134], mais auxquels ils devaient ajouter de nombreuses mimiques et toute une gestuelle. Psychiquement, ils devaient avoir des possibilités analogues à celles des grands singes anthropomorphes. En ce qui concerne les hommes archaïques, la position avancée de leur trou occipital et la forme de la base de leur crâne suggèrent qu'ils avaient acquis un type de développement faisant descendre le larynx, et permettant un langage articulé au moins rudimentaire. L'anatomie de l'homme de Néandertal semble montrer l'existence d'une cavité de résonance fortement élargie vers l'arrière, un caractère unique, ce qui suggère la possibilité d'émission de sons très gutturaux[136].

Il est bien évident que le langage articulé tel que nous le pratiquons, avec les voyelles utilisées universellement, est une caractéristique unique de l'homme moderne, liée à notre plan de développement. Nous en voulons pour preuve le parallélisme qui semble exister entre la diversification génétique de l'homme moderne et les langues parlées actuellement.

Si des langues parlées reliques des hommes archaïques subsistaient, elles devraient être identifiables. Il est curieux que la langue parlée par les Pygmées Mbuti soit l'une des rares ayant une origine linguistique inconnue[83]. Cette anomalie pourrait être un argument en faveur de l'hypothèse que des Pygmées puissent être à l'origine des hommes modernes. Dans cette hypothèse, cette langue pourrait être une relique des langues des hommes érigés africains... A suivre.

Dès lors, il faut bien admettre que la différence biologique observée entre l'homme et les singes supérieurs est une divergence « de degrés ». Comment en effet interpréter la différence psychique qui permet à un jeune de milieu défavorisé, un aborigène australien, de s'exprimer avec 400 mots de vocabulaire et à une jeune gorille d'utiliser 400 mots en ameslan pour se faire comprendre ? D'autres caractères, plus spécifiquement humains, vont nous permettre d'approfondir notre réflexion sur ce problème très délicat.

Deuxième partie

LE SURDOUÉ DE LA FAMILLE

13
Du galet à la fusée, la maîtrise technologique.

L'une des caractéristiques majeures de l'homme moderne est le développement d'outils et de technologies. Qu'est-ce qu'un outil ? C'est un prolongement artificiel du bras, utilisé par la main, et réalisé pour exécuter une tâche précise. Il y a une intention opérationnelle dans la création d'un outil. Francis Hours[137] a parfaitement résumé la signification de l'outil :

> Signe d'une intention opérationnelle, d'une prévision dans les relations avec la nature, témoin de l'habileté technique de l'exécution par son fabricant dans une chaîne opérationnelle ordonnée, et de la perception d'une durée dans son utilisation, symbole d'une adaptation non spécialisée et à vocation universelle vis-à-vis de l'environnement, l'outil est le révélateur d'un psychisme proprement humain.

Les outils chez les singes supérieurs

On s'est souvent demandé si les animaux étaient capables de fabriquer des outils. On sait que les loutres de mer, en faisant la planche, utilisent deux pierres pour briser des carapaces d'oursins ou de mollusques, l'une servant d'enclume qu'elles disposent sur leur ventre, l'autre formant le marteau. Des mésanges fabriquent leur nid en cousant les feuilles les unes aux autres. Le serpentaire brise un œuf en laissant tomber une pierre dessus. Les exemples sont très nombreux. Ces animaux utilisent des objets existants pour une tâche stéréotypée.

Les recherches de Jane Goodall[138] sur les chimpanzés du bord du lac Tanganyika nous ont apporté de nombreux éléments de réponse.

Les chimpanzés sont capables d'utiliser des pierres et des branches pour se défendre et pour exprimer leur agressivité vis-à-vis d'un congénère importun. Ils savent utiliser des feuilles d'arbres comme éponge pour absorber l'eau stagnant dans un trou d'arbre et se désaltérer. Mais surtout, ils sont aussi capables de modifier un objet naturel pour le transformer en un outil artificiel[139]. Les chimpanzés aiment beaucoup manger les termites. Pour accéder à leur mets préféré dans leurs termitières faites de boue consolidée, ils cassent une petite branche, en choisissent le diamètre, la dépouillent de ses feuilles, ajustent la longueur, et l'introduisent dans les orifices, en attendant que les insectes s'accrochent à la brindille pour la retirer délicatement et déguster... L'outil n'est donc pas l'apanage de l'homme. Dans ce dernier cas, il y a bien intention opérationnelle, mais jusqu'à preuve du contraire, ce véritable outil semble être le seul jamais réalisé par les chimpanzés pour résoudre un besoin.

Les questions qui se posent concernent évidemment la date d'apparition des outils dans les archives préhistoriques et leurs évolutions. La préhistoire est là pour nous renseigner[140-142].

Les industries préhistoriques

Jacques Boucher de Crèvecœur de Perthes[143], en 1847, démontrait l'ancienneté des hommes « antédiluviens », en découvrant à Menchecourt, dans une terrasse de la vallée de la Somme, des silex taillés associés à des restes d'animaux disparus, l'éléphant, le rhinocéros et l'ours. Cette idée fit scandale dans la communauté scientifique française, qui la rejeta avec vigueur. La conviction fut acquise seulement en 1859, lorsque le paléontologue Albert Gaudry dégagea à Saint-Acheul neuf haches de pierre taillée dans les graviers d'une haute terrasse. Comme 1859 est, rappelons-le, l'année de la publication du livre de Darwin, *De l'origine des espèces*[3], le temps était venu pour admettre le développement des idées sur l'évolution et celle de l'homme en particulier. Cette date marque donc aussi le début de la préhistoire.

Nous abordons ici le domaine de la *typologie*, c'est-à-dire de la définition et de la classification des outils[140-142]. C'est une discipline difficile, en raison de la variabilité des types d'outils, dépendant, d'une part, des techniques de taille, d'autre part, de la nature du matériel utilisé. On a beaucoup progressé dans la connaissance des outils lorsque l'on a essayé de les réaliser expérimentalement. François Bordes et Jacques Tixier en France, Hazzledine Warren en Angleterre et Don Crabtree en Amérique en ont été les pionniers. Ainsi, le silex se taille plus finement avec un percuteur tendre, comme l'os, le bois ou la corne, qu'avec un percuteur dur, tel un galet. Les retouches obtenues avec un percuteur tendre sont plus longues et permettent de réaliser des outils plus minces. Dans ce domaine, les outils les plus minces, les plus difficiles à réaliser, ont été obtenus grâce à la retouche par pression, où l'artisan ne frappe pas l'outil, mais presse la bordure du silex avec un os, ou au moyen d'une baguette de bois dur. Les magnifiques lames solutréennes ont été réalisées par cette technique. La préhistoire montre que l'évolution des complexes industriels est étroitement liée à celle de l'homme, comme on va s'en rendre compte maintenant.

Les plus anciennes industries, les galets aménagés

Considérons tout d'abord les australopithèques. Le site à australopithèques d'Olduvai en Tanzanie a été tout d'abord célèbre, bien avant la découverte des restes d'hominidés, par ses industries préhistoriques archaïques. Elles correspondent à ce que Mary Leakey a appelé, en 1951, l'*Oldowayen*. Il s'agit d'industries réalisées en frappant des galets avec d'autres galets jouant le rôle de percuteur dur, soit par l'enlèvement d'un grand éclat sur un côté dégageant une arête coupante (*chopper*), soit par l'enlèvement de deux éclats de chaque côté du galet aménageant une arête beaucoup plus coupante (*chopping tool*), d'où leur nom anglais de *pebble culture* *(fig. 35, page suivante)*. Ces industries archaïques comprenaient environ une vingtaine de types d'outils de pierre, des polyèdres, des racloirs, des grattoirs, sans compter l'utilisation possible, mais non démontrée, du bois et de l'os. Le problème qui s'est posé à Olduvai après la découverte des restes d'australopithèques et d'hommes habiles a été le suivant : quel était l'auteur de l'industrie oldowayenne ? L'australopithèque ou l'homme habile ?

A titre anecdotique, rappelons ici l'industrie de Dart, l'*Osteodontokeratic culture*, faite avec des bases de cornes et des os d'antilopes, dont nous avons déjà parlé à propos des singes bipèdes. Elle n'a jamais convaincu les spécialistes et n'était que le fruit de son imagination, les « dartefacts ». Il en reste cependant une observation importante *a contrario* : les sites d'Afrique du Sud n'ont pas livré d'industrie associée aux restes d'australopithèques.

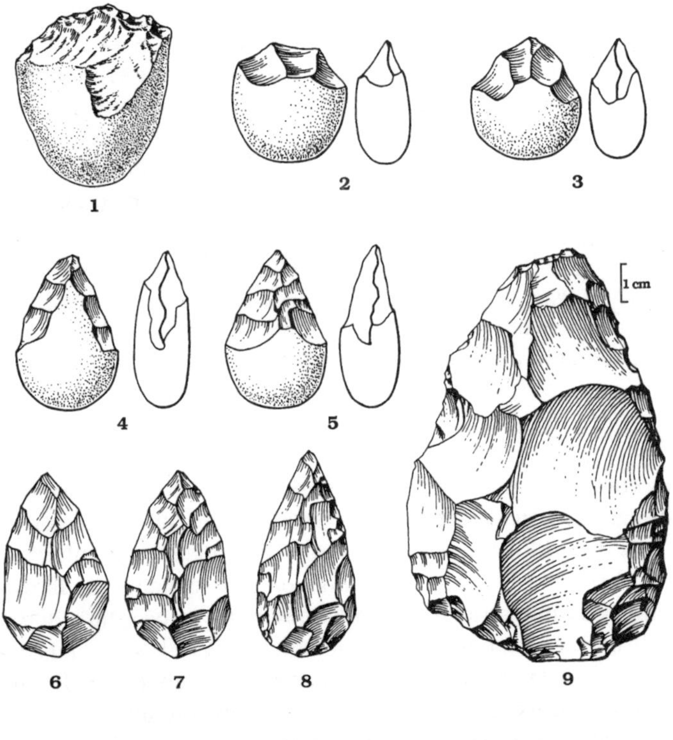

Figure 35 – Industries oldowayenne et acheuléenne. 1 : galet aménagé sur deux faces (*chopping tool*), oldowayen d'Olduvai, couche I ; 2 à 8 : passage du galet aménagé au biface par la multiplication des retouches sur toute la surface du silex ; 9 : biface acheuléen amygdaloïde (1-8, d'après F. Bordes, 1968 ; 9, d'après F. Bordes *in* M. Brézillon, 1977).

Une industrie a été décrite, mais avec des restes de l'homme habile dans la couche V du site de Sterkfontein en Afrique du Sud, dont l'âge est évalué à 1,8 million d'années. Pour démontrer que les australopithèques ont pu être les auteurs d'outils, il faudrait découvrir des industries d'un âge antérieur à l'apparition de l'homme habile, il y a au moins 2 millions d'années. Jean Chavaillon[144] a découvert au site Omo 71 (Éthiopie) un galet de quartz retouché, des fragments d'os et de galets, un millier de petits éclats de quartz, datés de 2 millions d'années, dont l'interprétation reste difficile, car ils ne sont pas associés à des restes humains. Hélène Roche a trouvé à Hadar (Éthiopie), dans plusieurs niveaux datés entre 2,8 et 2,6 millions d'années, 81 pièces « évoquant » des choppers, qui seraient les plus anciennes industries connues à ce jour. Mais ces découvertes doivent être confirmées dans d'autres sites à restes d'hominidés fossiles, avant de pouvoir être attribuées avec certitude à des australopithèques. Dans l'état actuel des connaissances, les industries sur galets ne semblent pas antérieures à l'homme habile. Cela semble logique, si l'on se rappelle que l'australopithèque est bipède, certes, mais encore un singe. Les industries à galets aménagés sont connues, non seulement en Afrique orientale, mais aussi en Afrique du Nord, indiquant l'extension des hommes archaïques.

Du galet au biface

Les hommes préhistoriques, érigés, ont ensuite perfectionné leurs industries. A partir des formes d'outils indifférenciés des industries sur galets, l'outillage a évolué par une spécialisation de plus en plus grande, et par une utilisation de plus en plus efficace de la matière première. Les industries oldowayennes ont évolué selon deux tendances, l'une correspondant à la poursuite des outils sur galets, l'autre caractérisée par la production de bifaces et de hachereaux. Il faut préciser que les outils sur galets ont persisté fort longtemps au sein des industries plus évoluées, jusqu'aux environs de 200 000 ans.

Du galet aménagé sur deux faces, on est passé au biface, par la réalisation de retouches couvrant l'ensemble de l'outil, et lui donnant une forme symétrique, arrondie à son extrémité *(fig. 35)*. Les premiers bifaces étaient très épais, mais petit à petit, l'homme a fabriqué des bifaces de plus en plus minces, grâce à l'innovation du percuteur tendre. Le passage des galets aménagés aux bifaces est bien documenté à Olduvai. Les premiers bifaces apparaissent dans la couche II, qui a livré le crâne d'homme érigé. A ce niveau, les bifaces représentent 6 % de l'industrie, dans la couche IV au-dessus, ils en constituent 60 %.

Les industries du Paléolithique inférieur

Les industries du Paléolithique inférieur se distingueront en deux catégories, selon qu'elles contiennent, ou non, des bifaces. Les complexes industriels à bifaces *(fig. 35)* se rencontrent en Afrique, et du Sud de l'Europe occidentale au Sud-Ouest asiatique, en passant par la Turquie et les Indes. Quant aux complexes industriels dépourvus de bifaces, ils se répartissent du Nord de l'Europe (Angleterre), à l'Europe centrale (Vertesszöllös en Hongrie), jusqu'à la Chine (Chou-Kou-Tien) et la Malaisie. Ces deux types d'industries correspondent soit à des besoins différents, soit à des civilisations distinctes, et témoignent, au moins, des migrations humaines et de la diffusion des cultures. Parmi les industries à bifaces, chacun a entendu parler des bifaces épais de l'*Abbevillien*, et de ceux très fins, et aux formes très variées, de l'*Acheuléen*. C'est dans les complexes industriels acheuléens *(fig. 35)* que l'on voit apparaître une nouvelle technique de taille révolutionnaire, appelée « levalloisienne ». Elle consiste à préparer le bloc initial de silex par une série d'enlèvements d'éclats préliminaires judicieusement placés, qui conditionnent la forme définitive de l'outil. Pour réaliser ces nouveaux types d'outils, l'homme devait prévoir, non seulement la fonction désirée, mais apprendre aussi l'enchaînement d'une séquence précise de gestes. La fabrication de ces outils complexes implique un certain apprentissage, possible chez les premiers hommes grâce au recul de la maturité sexuelle, et également l'existence d'un langage, au moins rudimentaire. Les hommes érigés sont les auteurs de ces industries complexes, réparties surtout en Europe occidentale, et beaucoup plus rares vers l'est, où perdurent des industries à galets aménagés.

Les industries du Paléolithique moyen

Les industries de l'Acheuléen supérieur sont de plus en plus riches en éclats obtenus par la technique levalloisienne. On constate en outre la disparition progressive des bifaces, remplacés par toute une gamme de nouveaux outils, donnant naissance aux industries du *Moustérien* (Paléolithique moyen). L'auteur du Moustérien était soit un homme moderne archaïque au Proche-Orient, soit un homme de Néandertal en Europe. Le complexe industriel moustérien *(fig. 36)* se divise en un certain nombre de variantes ; parmi les plus importantes, citons :

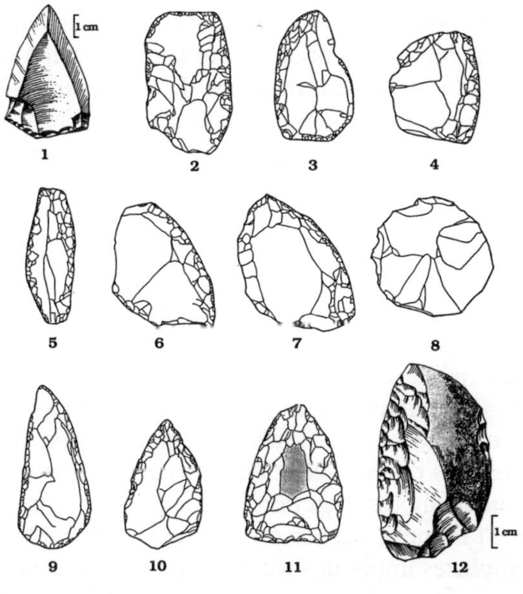

Figure 36 – Industrie moustérienne. 1 : pointe Levallois, Houppeville, Seine-Maritime ; 2 : racloir déjeté ; 3 : racloir simple convexe ; 4 : racloir à dos aminci ; 5 : racloir déjeté ; 6 : racloir transversal convexe ; 7 : racloir déjeté ; 8 : nucleus discoïde ; 9 : racloir double droit ; 10 : pointe moustérienne ; 11 : racloir convergent convexe ; 12 : racloir de type Quina (1 et 10, d'après F. Bordes *in* M. Brézillon, 1977 ; 2 à 11 : site de Caminade Est, d'après D. de Sonneville-Bordes, 1969 *in* J. Chaline, 1985).

– Moustérien typique de la grotte du Moustier en Dordogne ;

– Moustérien des sites de la Quina (Charente) et de la Ferrassie (Dordogne), ou Charentien, en raison de son abondance dans ce département ;

– Moustérien à outils denticulés ;

– Moustérien de tradition acheuléenne, en raison de la persistance de bifaces.

Plusieurs interprétations ont été proposées pour expliquer ces variations de Moustérien. Il pourrait s'agir d'activités saisonnières, en raison de l'interstratification de plusieurs types dans un même site, mais François Bordes y voyait plutôt des différences culturelles entre des groupes de populations néandertaliennes nomades. On a objecté à cette interprétation l'absence de mélanges de cultures, qui pourrait s'expliquer par la faiblesse probable des effectifs et l'attachement de l'homme à sa culture et à ses traditions. Une nouvelle interprétation a été proposée par L. Binford à partir d'une analyse statistique des industries. Les outils moustériens se groupent en cinq grandes catégories, respectivement utilisées pour la fabrication des autres outils (atelier), le dépeçage, le découpage et la préparation de la nourriture, le travail du bois et de l'os, et enfin la chasse. Autrement dit, l'interprétation culturelle serait remplacée par l'hypothèse fonctionnelle des outils. Cette interprétation, pour être confirmée, nécessite la fouille complète des sites préhistoriques, afin de dégager l'ensemble de l'habitat, où les diverses activités pourraient être juxtaposées. En fait, étant donné que la fouille détruit irrémédiablement l'habitat, la législation impose de réserver un témoin pour préserver les recherches dans l'avenir, avec l'inconvénient majeur de n'en avoir *jamais* une vue complète. Une situation à revoir, lorsque l'on sait ce que deviennent les prétendus témoins, mal protégés. La situation est sans doute complexe, car il semblerait que le Moustérien de type Quina soit essentiellement lié à la matière première utilisée. La fouille du site de Biache-Saint-Vaast dans le Nord de la France[145], par Alain Tuffreau et son équipe, semble conforter l'hypothèse culturelle, en montrant l'absence de relation entre les types d'outils, les ensembles industriels et leurs fonctions[146]. Les complexes moustériens se rencontrent de l'Europe au Moyen-Orient, jusqu'à l'Asie centrale, entre –100 000 B.P. et –35 000 B.P.

Le Paléolithique supérieur

Le Paléolithique supérieur *(fig. 37, page suivante)*, dont l'artisan est l'homme moderne, est caractérisé par de nouvelles techniques de débitage, la production de lames et le travail de l'os. Dans les couches qui recouvrent le Moustérien, entre la Loire et le Nord de l'Espagne, on a découvert une industrie, le *Châtelperronnien.* Considérée tout d'abord comme le plus ancien complexe industriel du Paléolithique supérieur, et caractérisée par l'apparition du débitage laminaire, la multiplication des outils de type grattoirs et burins, et du travail de l'os, cette industrie est maintenant interprétée comme le développement final du Moustérien de tradition acheuléenne entre –35 000 et –32 000 B.P. La raison essentielle en est la découverte à Saint-Césaire (Charente-Maritime) d'un néandertalien associé à une industrie de ce type[147].

La première véritable industrie du Paléolithique supérieur est l'*Aurignacien.* Complètement différent de toutes les industries à affinités moustériennes d'Europe[148-150], l'Aurignacien se caractérise par des lames arquées, dont certaines portant des encoches latérales opposées forment des lames étranglées, des grattoirs épais à carène, de petites lamelles à dos arqué (lamelles Dufour), et des burins à bord courbe, dits « busqués ». Une industrie osseuse de pointes de sagaie complète l'industrie lithique. L'Aurignacien appartient incontestablement à une autre civilisation, à un nouveau type humain sans doute d'origine orientale, celui de l'homme moderne, arrivé dans le Sud-Ouest de la France vers –34 000 B.P. L'Aurignacien y subsiste jusque vers –27 000 B.P.

Le *Gravettien* ou *Périgordien*[148-150], qui lui succède vers –26 000 B.P., appartient à une civilisation utilisant une technique de retouche abrupte. Les outils à dos rectiligne sont les pointes de la Gravette et de la Font-Robert, et les burins particuliers sont les « burins de Noailles ». Les rapports entre Châtelperronnien, Aurignacien et Gravettien sont difficiles à préciser. L'absence d'interactions entre ces complexes industriels, bien qu'ils soient plus ou moins interstratifiés, suggère une évolution complètement indépendante de civilisations différentes. La répartition restreinte du Périgordien ancien implique une origine entre la Loire et les Pyrénées, avant son extension limitée

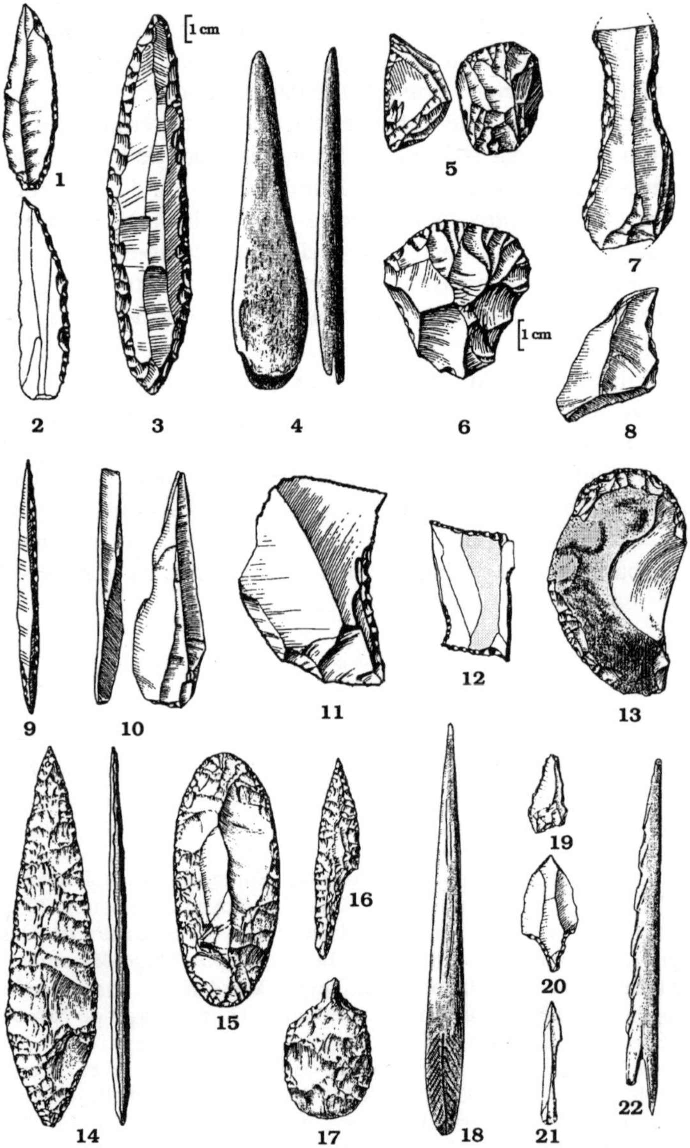
1 cm
1
2
3
4
5
6
1 cm
7
8
9
10
11
12
13
14
15
16
17
18
19
20
21
22

jusque dans le Bassin parisien. Par contre, l'Aurignacien a une large répartition qui va de l'Atlantique à la Hongrie. Une industrie particulière dont les affinités sont peu claires, le *Protomagdalénien*, s'intercale entre l'Aurignacien terminal et le Périgordien.

Ces industries du Paléolithique supérieur sont remplacées, dans une région limitée par la Loire, le Rhône, le Nord de la Provence et les Pyrénées jusqu'aux Asturies, par un complexe industriel entièrement nouveau, le *Solutréen*. Daté entre –18 000 B.P. et –15 000 B.P., le Solutréen[149-150] est caractérisé par deux innovations, la technique de retouche plate par pression, qui permet la réalisation de grandes lames très amincies, les célèbres « feuilles de laurier », et l'aiguille à chas en os.

La civilisation qui lui succède est le *Magdalénien*[149-150]. L'outillage lithique obtenu par une technique de débitage sur éclats, lames et lamelles, renferme des burins dits « en bec de perroquet », des perçoirs, des pointes à cran, et un petit outil rectangulaire, la « raclette ». L'outillage magdalénien le plus nouveau, en os, est constitué par des sagaies, des baguettes demi-rondes, des harpons à un ou plusieurs rangs de barbelures. Le Magdalénien est originaire de la zone située

Figure 37 – Quelques éléments caractéristiques des industries du Paléolithique supérieur. 1 : couteau de Châtelperron (Périgordien ancien) ; 2 : pointe de Châtelperron ; 3 : lame aurignacienne ; 4 : pointe à base fendue (Aurignacien II) ; 5 : grattoir caréné (Aurignacien I) ; 6 : grattoir en éventail ; 7 : lame étranglée (Aurignacien I) ; 8 : burin busqué (Aurignacien II) ; 9 : pointe de la Gravette (Gravettien) ; 10 : burin dièdre (Périgordien supérieur, Noailles) ; 11 : burin en bec de perroquet ; 12 : burin de Noailles ; 13 : grattoir sur éclat (Périgordien supérieur) ; 14 : feuille de laurier (Solutréen supérieur de Lespugne, Haute-Garonne) ; 15 : grattoir à retouche solutréenne (Solutréen ancien, Fourneau du Diable, Dordogne) ; 16 : pointe à cran (Solutréen moyen, Lespugne) ; 17 : perçoir-grattoir sur feuille de laurier (Solutréen moyen, Fourneau du Diable, Dordogne) ; 18 : pointe en os à base en biseau simple (Magdalénien I) ; 19 : raclette (Magdalénien I) ; 20 : pointe de Teyjat (Magdalénien II) ; 21 : pointe à cran magdalénienne (Magdalénien supérieur) ; 22 : prototype de harpon du Magdalénien V (1, 2, 4, 5, 7, 8, 9, 10, 11, 12, 13, 14, 15, 16, 17, 18, 19, 20, 21, 22, d'après F. Bordes, 1968 ; 3, d'après D. de Sonneville Bordes et J. Perrot *in* M. Brézillon, 1977 ; 6 et 13, d'après M. Bourlon et A. et J. Bouyssonie *in* M. Brézillon, 1977 ; 9, d'après F. Lacorre *in* M. Brézillon, 1977 ; 12, d'après D. de Sonneville Bordes *in* M. Brézillon, 1977).

entre les Pyrénées, le Rhône, et la Loire au nord. Abondant dans le Périgord, il subit une très forte extension dans sa phase terminale, des Pyrénées aux Asturies, vers le nord jusqu'en Belgique et en Allemagne, vers le Jura et le Dauphiné à l'est. Le Magdalénien qui semble associé à la répartition du renne n'atteindra pas la Basse-Provence, où vivaient d'autres peuples à industries épigravettiennes[151].

Le Paléolithique supérieur présente de nombreuses variantes en Europe centrale et en Asie, mais dans la plupart de ces régions les traditions moustériennes semblent subsister très longtemps. En Afrique, le Paléolithique supérieur est représenté par une industrie particulière à pièces pédonculées, l'*Atérien*[152].

Le Mésolithique

Les complexes industriels « mésolithiques » font la transition entre le Paléolithique et le Néolithique. Le Magdalénien s'enrichit de nouveaux outils de très petite taille, les « microlithes », qui vont devenir, avec les grattoirs et les harpons larges et plats, les formes dominantes de l'*Azilien*, ou des divers types industriels qualifiés d'*Épipaléolithique*. Selon les régions ces industries ont des noms locaux variés qu'il est inutile de rapporter ici[148-151].

Nous évoquerons plus loin la grande révolution industrielle du passage au *Néolithique*, qui a débuté au Proche et Moyen-Orient, avec l'innovation majeure de la céramique, et a diffusé ensuite plus ou moins rapidement dans toutes les directions. Ultérieurement l'utilisation des métaux constituera une autre très grande innovation à la base de nos industries actuelles.

L'outil, marque de la culture humaine

Il ressort plusieurs conclusions de cette courte synthèse sur l'évolution des complexes industriels préhistoriques résumée dans la *figure 38*. Leurs caractéristiques servent à définir les cultures humaines. Mais elles sont aussi le reflet de l'histoire des civilisations, de leurs traditions, de leurs contacts avec d'autres groupes humains, de l'environnement géologique fournissant la matière première, et des défis nombreux posés par les changements de climats et d'environnement. Nous avons détecté à travers l'apparition de variantes dans les techniques industrielles, au moins depuis l'Acheuléen, mais surtout depuis le Moustérien, l'existence de groupes de populations

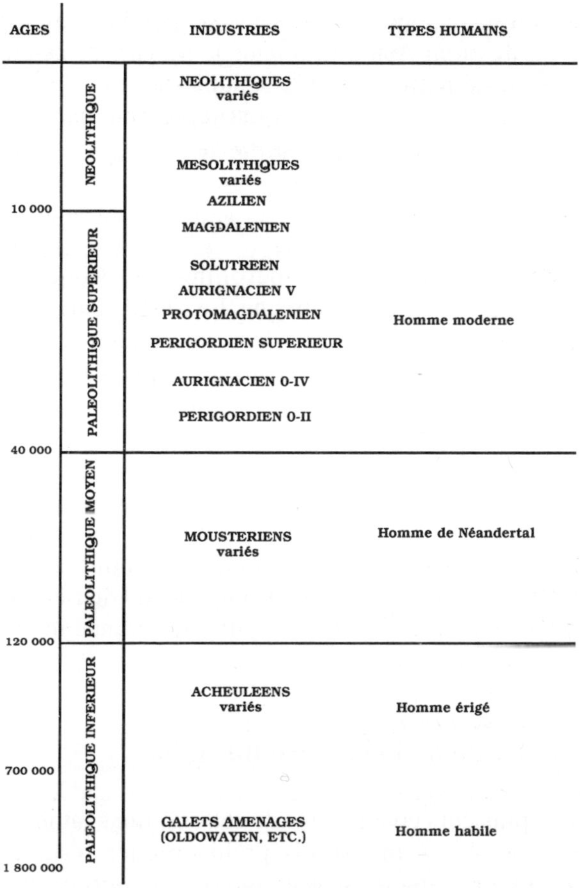

Figure 38 – Répartition chronologique des industries préhistoriques. Le tableau présente un inventaire chronologique des principaux types de complexes industriels et leurs artisans humains.

assez fermés, se déplaçant sur le territoire, se succédant dans les mêmes sites d'habitat, mais sans donner lieu à des influences réciproques. Cela suggère des peuples à effectifs assez réduits, à faible répartition géographique, ayant apporté des solutions originales aux problèmes de l'environnement, et fortement imprégnés de traditions. Certaines civilisations, comme le Magdalénien, ont présenté des constantes à travers toute l'Europe, traduisant une homogénéisation culturelle, alors que le Mésolithique qui lui succédera montrera au contraire une forte individualisation régionale.

André Leroi-Gourhan a tenté un bilan de l'évolution des industries lithiques[33] en montrant que, du galet aménagé aux microlithes, l'homme n'avait cessé d'accroître la longueur du tranchant par rapport au poids de matière utilisée. A partir d'un tranchant de l'ordre de 40 cm/kg dans les galets aménagés, on passe à un mètre pour l'Acheuléen, à 4 mètres pour le Levalloisien et le Moustérien, à 10 et 20 mètres pour l'Aurignacien et le Magdalénien, et enfin on atteint des longueurs de plus de 100 mètres de tranchant dans les industries microlithiques. La *figure 39* qui résume ces mesures montre que les ruptures de la courbe sont liées à des innovations majeures, celle de la frappe tangentielle pour l'Acheuléen, de la technique levalloisienne pour le Moustérien, et l'utilisation des déchets de taille au Paléolithique supérieur. L'accroissement de l'efficacité de la taille a eu aussi comme conséquence de rendre l'homme beaucoup plus libre par rapport à sa source naturelle de silex, puisque par exemple au Magdalénien, avec quelques kilos de silex facilement transportables, il pouvait réaliser plusieurs centaines d'outils.

De la transmission orale à l'écriture

Depuis l'époque préhistorique, chacun connaît les développements fantastiques des outils et des industries pour arriver à l'époque actuelle.

L'un des outils les plus révolutionnaires inventés par l'homme au cours du Néolithique est certainement l'écriture. Elle permet à l'homme de transmettre son savoir à un plus grand nombre, de conserver des archives, mémoires des temps passés, et de se donner aussi les moyens d'écrire une histoire avec beaucoup plus de précision que par la tradition orale.

Une anecdote nous permettra de montrer cependant à quel point la transmission orale était efficace. On a découvert, écrit sur une tablette d'argile cuite d'Ugarit, un poème, le « Poème d'Aqht[153] ». Rédigé

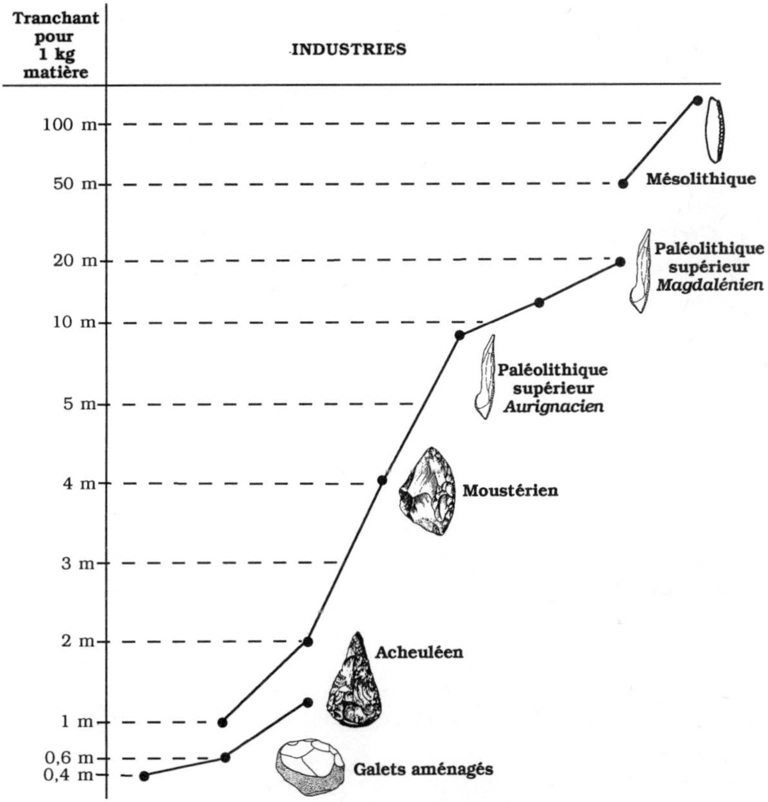

Figure 39 – Évolution de la longueur du tranchant dans les diverses industries préhistoriques. En augmentant les retouches et en utilisant les « chutes » de taille, les hommes préhistoriques ont multiplié par 100 la longueur du tranchant, évaluée ici par kilogramme de matière taillée (d'après A. Leroi-Gourhan, 1964).

aux alentours de 1500 av. J.-C., à la fin de l'âge du bronze récent, il raconte qu'une déesse, Anat, fait subir à un héros, nommé Aqht, un traitement tout à fait original. Son crâne est surmodelé avec un enduit blanc et on lui enlève toutes les dents, rite funéraire inconnu à cette époque. Or, la description correspond exactement aux traitements des crânes que les archéologues ont trouvés ultérieurement dans la culture du « Néolithique précéramique B » du Levant, entre 7600 et 6600 av. J.-C. Les crânes étaient séparés des corps et conservés à part, après que l'on eut enlevé les dents et surmodelé le crâne avec de la chaux. Cette observation démontre que la tradition orale a perpétué le souvenir de cette pratique pendant au moins cinq millénaires. Les hommes qui n'ont pas inventé d'écriture n'ont pratiquement pas d'histoire, à l'image des Amérindiens.

Un autre outil clé correspond à l'invention des monnaies, qui facilitent le troc et les transactions. Un outil essentiel pour l'économie du monde, servant respectivement d'intermédiaire dans les échanges, d'élément de référence de la valeur, et de réserve de valeur. Dans le code d'Hammourabi, datant d'environ 1760 av. J.-C., la valeur des objets était évaluée par des poids étalons en argent ; le *sicle* (16,82 g), par exemple, correspondait au prix d'un porc. Les métaux rares en lingots (or, argent, bronze, plomb et fer), les grains (orge, blé), des objets manufacturés (haches, anneaux, couteaux, chaudrons) constituaient au IIIe et au IIe millénaire, de la Mésopotamie à la Chine, les premiers rudiments de ce qui allait devenir plus tard une véritable monnaie. En fait, les plus anciennes monnaies ne sont pas antérieures au VIIe siècle av. J.-C. Inconnues dans l'Égypte ancienne et en Mésopotamie, elles apparaissent en Lydie (Anatolie), pendant le règne du roi Gygès, sous la forme de pièces d'électrum, un alliage naturel d'or et d'argent. Mais c'est le célèbre Crésus, vers 550 av. J.-C., qui a frappé les premières pièces en or et en argent, les *créséides*.

Un progrès technologique presque exponentiel

L'homme a pu maîtriser son environnement par un très grand nombre d'inventions ; en faire la liste serait extrêmement fastidieux[154-155]. Du premier galet aménagé à notre époque, le progrès technologique suit presque une courbe exponentielle. Très lent à ses débuts, puisque les industries sur galets, puis acheuléennes, perdurent chacune pendant au moins un million d'années, il s'est développé plus rapidement à partir du Néolithique, a beaucoup progressé aux premiers siècles avant J.-C. avec l'École d'Alexandrie et la Chine, a stagné, voire régressé pendant les invasions et le Moyen Age, s'est accéléré depuis la Renaissance, pour aboutir à une progression ultra-rapide depuis le début du siècle. Les inventions sont généralement imprévisibles, liées au hasard des circonstances. Le principe de nombreuses innovations est fort ancien, mais l'avancée technologique de l'époque ne permettait pas toujours de les réaliser, c'est pourquoi elles ont été reprises ou réinventées plusieurs fois.

Parmi les outils révolutionnaires qui ont changé la vie des hommes, il faut tout de même citer quelques grands champs d'innovations : les moyens de transport, les outils chimiques et physiques, les outils énergétiques, l'alimentation, les matériaux et l'industrie, les instruments de mesure, la médecine, et enfin les outils de la communication (cinéma, radio, télévision, téléphone, électronique). Ces outils permettent à l'homme de transformer la vie. A côté des inventions proprement dites attribuables à une personne, ou à un groupe, se développent des tendances plus subtiles, comme l'automation et la miniaturisation. La conviction générale s'était développée depuis le début de la révolution industrielle que la technologie était au service de la société. En fait, Gérald Messadié[155] a souligné que depuis 1960, on a pris conscience que la technologie pouvait se découpler du bien-être des sociétés jusqu'à devenir dangereuse, lorsque la priorité était accordée, comme dans la plupart des pays, aux moyens de destruction, autres outils sur lesquels nous reviendrons plus loin.

L'homme s'est créé, notamment dans nos pays occidentaux, tellement d'outils perfectionnés, qu'il en devient en grande partie tributaire et aurait beaucoup de difficultés à ne plus en disposer. Mais ce développement technologique ne s'est pas réalisé de la même manière au sein de toutes les populations d'hommes modernes. Tandis que les pays occidentaux ont développé des technologies complexes, quelques populations vivent encore comme les chasseurs-cueilleurs de l'époque paléolithique, et d'autres, très nombreuses, selon le mode de vie néolithique agrémenté des outils usuels de la civilisation occidentale, comme la vaisselle et le téléviseur… Quelle différence de vie entre un aborigène australien taillant encore des silex, un Mongol éleveur nomade vivant sous sa ger (yourte), et un cadre d'une société multinationale rivé à son ordinateur portable, son téléphone, son fax, dans son bureau, sa voiture ou son avion !

Manifestement, l'outil porte bien la signature de l'homme. Il a eu comme conséquence majeure de lui faciliter la vie et de contribuer à la maîtrise de son environnement. Mais les progrès technologiques ne sont qu'un des éléments de mesure de l'évolution psychique de l'homme. Il en est d'autres, révélés par la préhistoire, que nous allons évoquer maintenant.

14
De la grotte au scaphandre, la maîtrise de l'environnement.

Les singes bipèdes et les premiers hommes devaient s'accommoder de l'environnement naturel. Mais alors que nos cousins chimpanzés et gorilles vivaient dans un environnement forestier plus ou moins humide, les australopithèques répartis le long de la vallée du Rift, de l'Éthiopie à la Tanzanie et plus au sud en Afrique australe, fréquentaient un milieu de savanes à acacias. En milieu ouvert, la station debout est un avantage majeur puisqu'elle permet de localiser les prédateurs éventuels. Nous avons vu que ce qui a pu être une anomalie du développement est devenu le moteur d'une évolution extraordinaire dans un nouvel environnement. Par l'invention de l'outil, l'homme a eu une meilleure prise sur son environnement. Charognards, chasseurs et cueilleurs, les australopithèques entre 4 et 1 million d'années, puis les hommes habiles depuis 2 millions d'années ont pu assurer leur survie en améliorant la chasse et le dépeçage du gibier.

Les habitats

Les premières traces d'habitat sont difficiles à mettre en évidence. Le plus souvent, ce sont des accumulations d'outils, le long des rivières ou sur le bord des lacs. Il est bien évident que pour s'abriter des intempéries, les australopithèques et les hommes habiles ont recherché les abris naturels à la façon des animaux, avant de pouvoir aménager leur habitat. Leurs premiers habitats sont sommaires. L'accumulation d'outils isolés correspond semble-t-il à des campements provisoires. A Olduvai, la répartition des galets aménagés suggère des occupations assez longues, de plusieurs mois ou même de plusieurs années. On a trouvé dans la couche I d'Olduvai un amas de pierres disposées en un demi-cercle d'environ 4 mètres de diamètre, interprété comme la trace d'un abri rudimentaire contre le vent[144]. Dans le même site, une concentration circulaire d'outils entourée d'une zone vide et ceinturée d'autres accumulations de galets aménagés évoque un habitat structuré. Jean Chavaillon a mis en évidence à Melka-Kunturé, en Éthiopie, un campement aménagé d'hommes érigés[144]. Localement, il y a environ 1,7 million d'années, les hommes ont construit un pavage de grosses dalles pour avoir un sol stable. Ensuite ils ont partagé leur habitat en zones distinctes, séparant les zones de dépeçage, de boucherie où pourrissaient ensuite les charognes, des zones de fabrication des outils et des espaces de séjour. Cette occupation différentielle de l'espace suggère une diversification des tâches, une spécialisation des individus et une structure sociale. Les sites oldowayens et acheuléens sont installés à proximité de l'eau et des sources de matière première. Le gisement d'Olorgesailie au Kenya était, il y a 300 000 ans, un campement de chasseurs d'éléphants et d'hippopotames. En Espagne, les sites d'Ambrona et de Torralba correspondaient également à des campements de chasseurs d'éléphants datés d'environ 300 000 ans. On connaît aussi de grands habitats structurés en France, par exemple celui de Terra Amata à Nice, daté d'environ 380 000 ans. La présence dans le gisement d'un trou central et de murettes en galets a été interprétée, par Henri de Lumley, comme l'emplacement d'une cabane allongée soutenue par un grand poteau et couverte de branchages.

Les habitations du Paléolithique ont tout d'abord été mises en évidence dans l'ancienne Union soviétique, où S. N. Zamiatine[156], en 1934, a dressé le plan d'une habitation semi-souterraine creusée dans les lœss de Gagarino, dans la vallée du Don. Il s'agissait d'une fosse circulaire d'environ 5 mètres de diamètre, avec des os longs sur le bord et des défenses de mammouths au centre, interprétés comme des débris de charpente. Depuis cette date de nombreuses habitations paléolithiques ont été identifiées. Les hommes de Néandertal ont laissé des vestiges de véritables cabanes et de huttes. On connaît en Ukraine, à Molodova 1, les traces d'une cabane occupant une surface de 10 mètres sur 7 en bordure du fleuve Dniestr *(fig. 40)*. Elle était

Figure 40 – Habitations préhistoriques. 1 : Mezhiritch (Ukraine) ; 2 : Molodova (Dniestr) avec des foyers (en noir) ; 3 : Malta (Sibérie) : habitat après l'enlèvement des débris des restes du toit montrant l'existence de trois pièces avec un foyer (en noir) et les défenses de mammouths utilisées pour soutenir le mur extérieur ; 4 : hutte circulaire de Malta (Sibérie) avec trois foyers (en noir) ; 5 : reconstitution de la hutte de Malta ; 6 : reconstitution de la hutte de Pincevent (Seine-et-Marne) (1, d'après I. G. Pidoplichko ; 2, 3, 4, 5, d'après M. M. Gerassimov ; 6, d'après A. Leroi-Gourhan et M. Brézillon, 1966).

ceinturée par de gros ossements de mammouths (crânes brisés, bassins, os des membres, défenses et mâchoires) qui devaient assurer le maintien au sol des superstructures en bois et fixer un revêtement de peaux. Quinze petits foyers de cendres, des déchets de repas et 29 000 objets en silex se trouvaient répartis à l'intérieur de cette construction datée d'environ 60 000 ans[157]. A cette époque, les nombreux sites occupés par les néandertaliens montrent que ces populations s'installaient sous les porches des grottes ou sous les falaises des abris-sous-roche dans les régions calcaires. Mais cela ne veut pas dire que les néandertaliens, ou les hommes modernes qui ont occupé les mêmes sites par la suite, étaient des hommes des cavernes. Ils devaient surtout vivre dans des sites de plein air, plus difficiles à retrouver par les préhistoriens. D'autres habitations plus récentes, utilisant les défenses et les os de mammouths pour soutenir les bords de l'entrée, sont connues dans les plaines lœssiques d'Ukraine (Kostienky, Mezine, Malta), de Tchécoslovaquie (Pavlov, Dolni Vestonice) et de France (Pincevent près de Montereau[158]) *(fig. 40)*.

La maîtrise du feu

Parmi les plus grands progrès réalisés par l'humanité, il en est un qui a marqué une très grande révolution, c'est la maîtrise du feu. Elle n'a pas dû être facile. En présence du feu naturel déclenché par les orages et la sécheresse, l'homme a dû tout d'abord vaincre sa peur avant de ramasser des braises naturelles. Les premières traces de feux volontairement allumés par l'homme ne sont pas faciles à séparer des traces laissées par des feux naturels. Il faut en effet démontrer qu'il y a eu combustion et que celle-ci est bien intentionnelle. Ainsi dans les grottes, il a été fréquent que les cendres d'incendies de forêt glissent avec d'autres sédiments dans les remplissages constituant des couches de cendres. Par exemple dans la grotte de l'Escale à Saint-Estève-Janson (Bouches-du-Rhône), le niveau de cendres est contemporain de la disparition des rongeurs forestiers, ce qui suggère un vaste incendie de forêt[159]. Telles pourraient être aussi les origines des couches de cendres de Chou-Kou-Tien, en Chine, le célèbre gisement des sinanthropes, pour la bonne raison qu'il n'y a pas corrélation entre les couches archéologiques et les niveaux de cendres, ce qui suggère une origine extérieure à l'homme. Les premières traces attestées de foyers humains datent d'environ 400 000 ans. Elles sont donc l'œuvre de l'homme érigé et clairement signées dans plusieurs sites européens. Notamment dans le gisement hongrois de Vertesszöllös, où nous avons signalé la découverte d'un fragment postérieur de crâne humain daté de 370 000 ans. Les foyers consistent en amas circulaires de charbons brûlés. Parmi les autres gisements célèbres anciens, citons les sites d'Achenheim 3 (Alsace), Terra Amata à Nice (380 000 ans), Bilzingsleben (Allemagne). Dans les sites plus récents les foyers structurés sont indiscutables. Ils témoignent d'une parfaite maîtrise de cet élément. Cela va changer considérablement la vie de l'homme préhistorique en lui permettant de se chauffer, de cuire les aliments, de s'éclairer la nuit et d'éloigner les animaux sauvages… La possession du feu, avant qu'il ne soit produit intentionnellement, implique une vie de groupe hiérarchisée avec une division des tâches. Il faut en effet se procurer les braises naturelles et les transporter jusqu'à un campement non temporaire, ensuite maintenir le feu et éviter de se le faire voler par d'autres. Le vol du feu constitue en effet un mythe universel qui traduit sa grande ancienneté et pourrait remonter aux hommes érigés[160]. Une conquête qui est à peu près contemporaine de l'apparition de la fameuse technique de taille levallois, ce qui pour Catherine Perlès correspond à un niveau supérieur de faculté d'abstraction[161].

La révolution néolithique, une révolution écologique et du comportement

C'est Gordon Childe[162] qui a mis en évidence cette fameuse « révolution néolithique » correspondant à un changement considérable de mode de vie, à une véritable transformation écologique, puisque le climat et l'environnement végétal sont en cause. Nous avons vu que l'évolution culturelle au Paléolithique avait été très lente pendant un million d'années et, bien que la révolution néolithique ait duré quelques millénaires, il s'agit bien d'une révolution à l'échelle de l'histoire humaine. Grande révolution du comportement également, puisque de chasseur et cueilleur, l'homme est devenu agriculteur et éleveur. Cette révolution s'est réalisée indépendamment dans plusieurs régions de l'Ancien Monde, en Afrique, au Proche-Orient et en Asie orientale, ainsi que dans le Nouveau Monde[163].

Agriculture et élevage au Proche-Orient et en Afrique

La dernière glaciation, qui s'achève il y a environ 10 000 ans, entraîne un changement considérable de l'environnement végétal et une modification de la configuration des continents par la remontée de la mer, qui était descendue à environ – 120 mètres[164]. Le réchauffement du climat favorise au Proche-Orient l'extension des forêts ouvertes méditerranéennes coupées d'espaces découverts à graminées, avec notamment de l'orge et du blé sauvages. Les hommes modernes vivaient de la chasse spécialisée des chèvres sauvages, des daims et des gazelles, et de la cueillette. Il est probable qu'ils ont commencé par moissonner les graminées sauvages avant de les cultiver et de les sélectionner. Le début de l'agriculture peut n'être qu'un accident, résultant de la germination de grains stockés sans précaution ou laissés sur place par inadvertance. Mais l'homme était là pour observer le phénomène et essayer de le reproduire. C'est probablement aussi par macération accidentelle des grains que sont apparues les premières boissons alcoolisées. L'existence des meules, molettes, mortiers, pilons et faucilles témoigne des débuts de l'agriculture dans les premiers villages constitués de huttes circulaires datés entre 10 000 et 8 300 ans av. J.-C. : agglomérations de Mallaha en Galilée, de Jéricho dans la vallée du Jourdain, de Mureybet dans la vallée de l'Euphrate en Syrie.

L'homme passe de la cueillette intensive à la culture, c'est-à-dire qu'il passe à une économie de production[165]. Il va manipuler les semences de blé en hybridant des espèces apparentées et en opérant une sélection qui aboutira aux diverses formes de blés domestiqués. L'homme a modifié les trois formes sauvages qui possèdent chacune 7 paires de chromosomes en les hybridant et en les sélectionnant. Il a ainsi obtenu un blé domestiqué à 7 paires de chromosomes, l'engrain. Poursuivant les hybridations, il a retenu des formes à 14 paires de chromosomes comme le blé dur et l'amidonnier. Enfin il a obtenu des formes à 21 paires de chromosomes connues sous les noms de blé tendre, *club wheat*, épeautre et *shot wheat*. Il s'agit là manifestement de la première expérience empirique de génie génétique, dont le résultat a été la création de plusieurs blés différents par la multiplication du nombre des chromosomes. La dépendance à l'égard des céréales a impliqué la sédentarisation. Cette transition, qui s'effectue aux environs de 6 600 ans av. J.-C., est connue sous le nom de « culture du Néolithique précéramique B ». On voit apparaître une architecture de structure rectangulaire en briques à plusieurs étages recouverts d'enduits[163]. Une telle innovation permet des agrandissements successifs et des alignements le long des voies de circulation. Cette transformation traduit sans doute un changement de structure sociale, un passage du noyau familial à la famille élargie. A la fin de cette période, vers 6 000 ans av. J.-C., l'agriculture est devenue un acquis général autour du Croissant fertile et dans le Sud de l'Anatolie, même en dehors de l'habitat naturel des céréales. Parallèlement, la chèvre remplace la gazelle comme source de viande, et au Nord c'est la domestication du mouton. Plus tard s'ajouteront les chiens, les bovidés et les porcs. L'élevage se développe donc avec l'agriculture. Signalons, à cette occasion, que la domestication du chien à partir du loup a sans doute été réalisée dès le Magdalénien. La création, par la sélection artificielle, de 360 races de chiens constitue la plus grande expérience biologique jamais réalisée par l'homme[105].

Une période d'innovations en tous genres

Ces nouvelles activités posent rapidement un problème crucial aux hommes, le stockage des réserves de grains qu'il faut protéger des rats et des souris et la conservation des laitages. Les premières tentatives de récipients imperméables utilisent divers types de pierres, la chaux et le plâtre. Mais c'est la poterie qui va être généralisée une fois que l'on aura découvert qu'il faut adjoindre un dégraissant à l'argile pour qu'elle ne se fendille pas en cuisant. La nature des pâtes, les formes des vases, assiettes et jarres et le décor des céramiques vont permettre de caractériser les principaux types de cultures locales, et de mettre en évidence les contacts et les échanges. La poterie apparaît au Niger en Afrique il y a environ 9 500 ans[166]. L'accroissement de la quantité stockée de nourriture par l'agriculture et la domestication permet à l'homme, pour la première fois, de s'affranchir des contraintes de son environnement, des intempéries, des fluctuations du gibier toujours recherché. Un bond démographique va se produire. Les habitats se multiplient dans tout le Proche-Orient et notamment en Haute-Mésopotamie, qui devient, après le Levant, le nouveau grand centre de civilisation, avec des sites comme Halaf, Hassuna et Samarra. Plus au sud, au confluent de l'Euphrate et du Tigre, se développe la civilisation d'Eridu qui précède vers 5 000 ans av. J.-C. celle d'Obeid datée de 4 500 ans. L'agriculture utilise un mode d'irrigation simple, et la Mésopotamie devient le premier centre de civilisation urbaine du monde à la fin du quatrième millénaire av. J.-C., avec le développement de la civilisation sumérienne[163].

Les villages s'étendent sur les anciennes constructions. Ainsi se forment ces collines, les *tells*, où les habitats successifs se superposent. On voit se construire des ouvrages de défense communautaires, fossés, remparts et tours en briques. C'est à ce moment-là qu'apparaissent aussi des édifices placés sur des plates-formes surélevées, identifiés comme des sanctuaires ou des temples, ancêtres des pyramides tronquées ou *ziggourats*, plus récentes, dont la célèbre tour de Babel, symbole de Babylone. L'agrandissement des centres confère un véritable statut urbain aux agglomérations, qui s'étendent sur de très vastes surfaces : 8 hectares sont conservés à Habuba Kebira (Syrie), 11 ha à Tell Arad, Palestine (3 000 ans av. J.-C.), 9 ha pour Suse au Sud-Ouest de l'Iran (3 200-3 000 ans av. J.-C.), 550 ha à Uruk en Mésopotamie (3 000 ans av. J.-C.), 350 ha à Nimrud, 440 ha à Ur (Sumer), et enfin 740 ha à Ninive[163].

Les plus anciens documents écrits, ainsi que des représentations de rois ou de prêtres[163], ont été découverts dans le niveau IV de la ville d'Uruk, peu après 3 500 ans av. J.-C. Les scribes sumériens disposaient alors de 1 500 signes ou pictogrammes. Les premières tablettes d'argile rapportent l'existence d'une société hiérarchisée, de rois et d'assemblées, de divers types d'artisanat (charpentier, forgeron), d'échanges commerciaux, de comptabilités… On connaissait la fonte du cuivre, du plomb et de l'or. Les fouilles des divers sites ont livré des sceaux, et leurs impressions, qui démontrent l'existence de la notion de propriété personnelle.

On possède beaucoup plus de données sur la période des dynasties archaïques ou pré-sargoniques, à partir de 3 000 ans av. J.-C., en raison des nombreuses sources textuelles et de l'archéologie. Les cités-États de Lagash, Nippur, Uruk et Ur étaient dirigées par des rois, identifiés par la richesse du mobilier funéraire, ce qui implique une forte stratification sociale. Les prêtres jouaient sans doute un rôle important, si l'on en juge par le nombre des temples et les riches offrandes. Il semble que ces rois poursuivaient une politique expansionniste, et l'on voit apparaître le vocabulaire de la guerre avec Sargon, un Akkadien qui prit le pouvoir à Kish et renversa le roi d'Uruk. Il étendit son territoire vers le nord jusqu'à la Syrie et l'Anatolie et vers le sud jusqu'à Bahrein, contrôlant un port par où transitaient des marchandises marquées des sceaux de la vallée de l'Indus. Ainsi fut fondé le premier empire d'Akkad, qui fut abattu et remplacé par les rois de Lagash, le célèbre Goudéa et les nouvelles dynasties d'Ur. Les meurtres pour accéder au pouvoir, les guerres de conquête, les massacres, les génocides, les déportations de populations, l'esclavage ont commencé et connaîtront un succès considérable qui ne se dément toujours pas… Nous y reviendrons plus loin.

Ce bref rappel, qui n'est pas exhaustif, veut seulement souligner l'importance et la rapidité des changements survenus dans la vie des hommes modernes. Ils sont passés, en quelques millénaires, de l'état de chasseurs-cueilleurs, sans doute nomades et soumis aux contraintes de l'environnement, à la condition d'agriculteurs-pasteurs sédentaires. Avec l'explosion démographique résultant de l'affranchissement de l'environnement, l'homme invente de nouvelles contraintes, sociales cette fois, qui créeront des inégalités de plus en plus grandes entre les diverses couches de la société. Beaucoup de peuples ont vécu ce genre de vie jusqu'à l'avènement de l'industrie mécanisée. Certains le vivent encore.

La révolution industrielle, les destructions de l'environnement et les modifications du climat

L'industrialisation du monde occidental commencée au XVIe siècle (Renaissance) constitue une nouvelle révolution, en ce sens qu'elle va marquer un nouveau changement du mode de vie des hommes. Le développement technologique fantastique, évoqué au chapitre précédent, et dont l'apogée se situe après la Seconde Guerre mondiale, transforme rapidement les conditions de vie de l'humanité. L'homme s'affranchit de plus en plus de son environnement, ce qui fera écrire à Henri Tintant[167] que :

> L'homme est l'animal le plus anti-écologique qui ait jamais existé.

En se créant des environnements entièrement artificiels et en prolongeant sa main par des outils, l'homme supprime certains facteurs de la sélection naturelle. Il peut désormais vivre au fond de la mer avec des scaphandres, évoluer dans l'espace dans des fusées ou des stations orbitales, voire se promener sur un astre aussi inhospitalier que la Lune. Mais ces réussites ne doivent pas cacher l'irrespect qu'il manifeste pour la nature, la transformant plutôt en poubelle qu'en jardin d'Éden. Il est probable que les grands déboisements liés à l'extension de l'agriculture en Europe au Néolithique ont provoqué des ruptures d'équilibres écologiques, comme le suggèrent les courbes établies à partir de la croissance des arbres.

Certains écologistes souhaitent un retour en arrière, à une époque qui corresponde à un monde non industrialisé afin d'échapper à ses conséquences les plus désastreuses. L'idée a eu son succès après 1968. Mais il faut alors ne pas vouloir en même temps le téléphone et les progrès de la médecine.

Si l'on se réfère aux enseignements de la paléontologie, de la paléoécologie et de la paléoclimatologie, on constate que le monde a changé constamment au cours des temps géologiques. Les climats chauds ont alterné avec les climats froids. Le Sahara est passé par des phases vertes, mais aussi par des phases arides plus fortes que l'actuelle. La quantité de gaz carbonique a varié au cours des 15 000 dernières années, comme l'ont enregistré les calottes glaciaires de l'Arctique et de l'Antarctique. L'homme vient donc ajouter aux changements naturels les conséquences de son industrialisation. André Berger en a fait une excellente étude exhaustive[168] à laquelle le lecteur pourra se référer ; nous évoquerons seulement quelques problèmes. L'atmosphère s'enrichit de gaz à effet de serre, comme le gaz carbonique, le méthane, l'oxyde nitreux et les chlorofluorocarbones, l'ozone et la vapeur d'eau, dont les concentrations de plus en plus fortes pourraient modifier le climat et l'agriculture de façon significative. Les spécialistes tentent, par exemple, de simuler les conséquences du doublement de la concentration en gaz carbonique. Il en résulterait dans nos régions un réchauffement de l'ordre de 5°C en hiver et de 3°C en été, le Nord de l'Europe recevant plus de précipitations, le domaine méditerranéen devenant plus sec. Bien que les modèles climatiques globaux soient imparfaits et leurs résultats sujets à critiques, certains résultats semblent probables. Dans l'évolution climatique normale, il est prévu que le climat se refroidisse pendant 55 000 ans pour aboutir à une nouvelle phase de glaciation. Ce processus sera-t-il modifié par l'intensification anthropique de l'effet de serre ? En principe, le système climatique serait perturbé pendant une durée de 40 000 ans environ, ce qui est considérable. Notons que, dans les hypothèses les plus optimistes de réchauffement dû à l'effet de serre, le niveau de la mer au XXIe siècle pourrait s'élever de 50 cm, menaçant des îles ou des deltas très peuplés comme le Nil ou le Bangladesh. De même les écosystèmes seraient modifiés par le déplacement des zones climatologiquement propices aux cultures. L'homme a pris conscience de ces problèmes et semble prêt désormais à en assumer le prix à payer.

La question qui se pose du point de vue évolutif est la suivante : puisque l'évolution de la vie est le résultat des interactions entre les contraintes internes de la vie et les pressions de l'environnement qui déterminent la sélection naturelle, les actions anthropiques peuvent-elles entraîner un changement évolutif ? Cette réflexion nous ramène à une question importante laissée de côté jusqu'ici, celle de sa prise de conscience de sa propre existence.

15
La prise de conscience, les sépultures.

La grande question que se sont posée les philosophes et les théologiens qui admettent l'origine primate de l'homme est celle-ci : quand, dans cette histoire longue et complexe, est apparu l'homme conscient et réfléchi ? La préhistoire peut nous aider à répondre[163], mais partiellement, car de très nombreux signes culturels et cultuels, témoins de la prise de conscience humaine, malheureusement non fossilisables, resteront à jamais inconnus.

Nous avons vu que l'outil était la signature privilégiée de l'homme par rapport aux singes anthropomorphes. La fabrication d'outils, la structuration des habitats et la maîtrise du feu sont bien le résultat d'actes indiscutables de réflexion et d'abstraction. Mais elles ne sont pas en elles-mêmes les preuves que l'homme ait pris conscience de sa propre existence et se soit posé les trois fameuses questions qui le préoccupent tant aujourd'hui : « D'où venons-nous ? », « Que faisons-nous sur Terre ? » et « Où allons-nous ? ». L'apparition des sépultures est le premier signe évident de cette réflexion[169]. En effet, la pratique de la sépulture implique que l'homme ait pris conscience de sa mort et, par déduction, de sa propre existence.

Les sépultures

Quand les sépultures apparaissent-elles ? Les plus anciennes datent d'environ – 100 000 ans au Proche-Orient, où elles sont le fait soit des hommes de Néandertal (sites de Kébara en Israël, de Shanidar en Irak, de Teshik-Tash en Uzbekistan), soit des premiers hommes modernes (grotte de Kafzeh en Israël). La première découverte de sépulture humaine d'homme fossile remonte à 1909, où les abbés A. et J. Bouyssonie et L. Bardon découvrirent l'inhumation d'un squelette d'homme de Néandertal, dans la Bouffia (grotte) Bonneval à La Chapelle-aux-Saints en Corrèze[170], dans un contexte industriel Moustérien de type Quina. Son âge peut être évalué à environ 80 000 ans :

> Une fosse de 1,45 mètre de long, large de 1 mètre et profonde de 0,30 mètre qui avait été creusée dans le sol marneux de la grotte. Son orientation était est-ouest. Le corps d'un homme adulte y avait été déposé sur le dos, la tête à l'ouest appuyée sur le bord de la fosse… Le bras droit était probablement replié, ramenant la main vers la tête ; le bras gauche était étendu. Les jambes aussi étaient repliées et renversées sur la droite… Au-dessus de la tête étaient placés trois ou quatre grands fragments plats d'os large ; plus au-dessus il y avait encore en connexion l'extrémité d'un métatarsien d'un grand bovidé…

Cette découverte fit sensation, on s'en doute, car à l'époque on considérait les néandertaliens comme des primitifs. L'inhumation volontaire dans une fosse ne fait pas de doute. L'industrie moustérienne associée au squelette ne prête pas à discussion. La seule incertitude concerne la patte de bovidé déposée à côté du squelette, interprétée par les auteurs comme une offrande de nourriture. D'autres découvertes analogues[169] ont confirmé qu'il fallait reconsidérer la spiritualité de ces hommes préhistoriques. Les fouilles réalisées par D. Peyrony et L. Capitan en 1908, à l'abri-sous-roche de La Ferrassie près des Eyzies en Dordogne[171], ont révélé l'existence d'un dispositif funéraire assez complexe *(fig. 41, page suivante)*. Les sépultures renfermaient six corps, les restes de deux adultes, de trois jeunes enfants et d'un nouveau-né. Les squelettes de l'homme et de la femme reposaient côte à côte, à 50 cm l'un de l'autre, en position semi-fléchie. Le corps de l'homme, étendu sur le dos, avait les jambes repliées vers la droite, la tête tournée vers la gauche protégée par trois pierres plates. Des silex et un os portant de fines entailles constituaient le mobilier funéraire. Le corps de la femme était disposé en sens inverse. Une sépulture d'enfant était entourée de cinq cuvettes de sédiment meuble, la fosse contenant une tête sans mâchoire, avait une bordure subverticale se raccordant à un bord en pente douce et était recouverte par une dalle portant sur son bord inférieur des cupules. La sépulture du fœtus, située dans un monticule de terre, renfermait trois beaux silex taillés et trois autres fosses contenaient des os d'animaux. Trois autres sites de Dordogne, au Moustier (un adolescent), au Roc de Marsal (un enfant de trois ans) et à la grotte du Régourdou (un squelette), ainsi

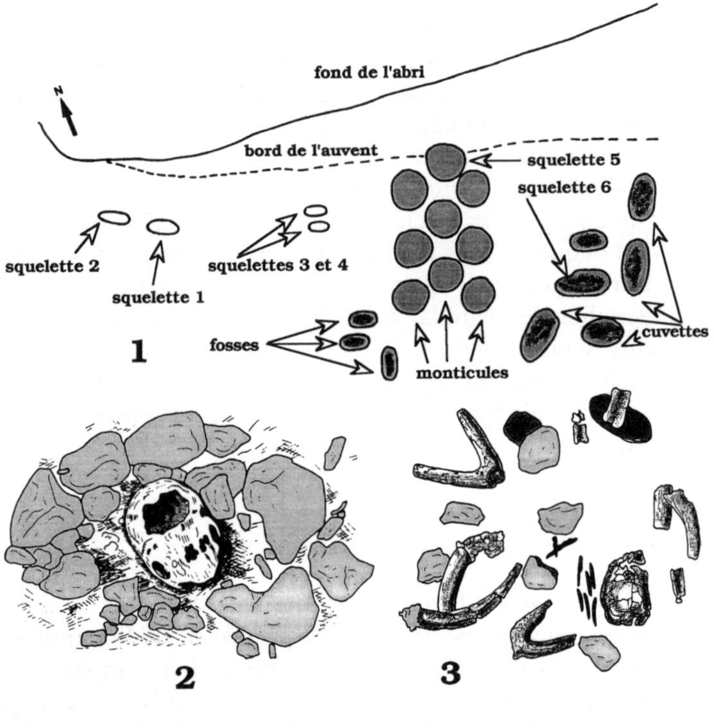

Figure 41 – Sépultures néandertaliennes. 1 : La Ferrassie (Dordogne) : l'agencement des sépultures reste difficile à interpréter ; 2 : Mont Circé (Italie) : la base fracturée du crâne est interprétée comme la conséquence d'un acte de cannibalisme. Le crâne était entouré d'un cercle de pierres ; 3 : Teshik-Tash (Uzbekistan), le crâne d'un enfant néandertalien était entouré de cinq paires de cornes de chèvres (1, d'après D. Peyrony, 1934 ; 2, d'après A. C. Blanc, 1956 ; 3, d'après A. P. Okladnikov, 1949).

que l'abri-sous-roche de la Quina en Charente (un squelette) auraient livré des sépultures. Mais les mauvaises conditions de fouille ou l'absence de publication des sépultures imposent des réserves.

Les fouilles de sépultures exigent une très grande rigueur pour être mises à profit et l'interprétation du mobilier funéraire accompagnant le mort pose souvent problème. Par exemple, les os de bovidés et les portions de colonne vertébrale de renne découverts sur le corps à La Chapelle-aux-Saints correspondent-ils à une offrande de nourriture ? Les « beaux outils » découverts sur le corps de l'adulte de La Ferrassie ont été interprétés par Peyrony comme des offrandes faites au mort pour son séjour dans l'au-delà. Mais cela n'est pas démontré, car le remplissage de la sépulture a été fait avec du sédiment qui renfermait déjà des industries. Cependant, la pierre à cupules déposée pour fermer la sépulture de l'enfant de La Ferrassie semble faite intentionnellement. A Teshik-Tash *(fig. 41)*, le crâne d'un enfant néandertalien reposait sur un tapis d'os de chèvres et était entouré par cinq paires de cornes de bouquetins, les pointes formant une couronne. Le corps aurait pu être recouvert de fleurs d'après les restes de pollens. Le corps du néandertalien de Shanidar aurait lui aussi été recouvert de fleurs.

Bernard Vandermeersch[172] estime que l'existence de dépôts intentionnels d'objets est possible, mais non démontrée, et que rien ne permet de parler d'offrandes. Il faut donc être très prudent dans les interprétations.

Cannibalisme ?

Les traces de cannibalisme sont identifiables lorsque l'on constate que les crânes ont subi une préparation spéciale et que l'on trouve des traces de décarnisation, des stries d'écorchage faites au silex sur le crâne. Des sépultures spéciales de crânes ont été mises en évidence. La plus connue est celle du Mont Circé, près de Rome en Italie. C. Blanc a découvert en 1939, sur le sol de la grotte Guattari, au fond d'un couloir dans une salle circulaire, le crâne d'un homme de Néandertal reposant là depuis 70 000 ans[173]. Retourné, le crâne avait le trou occipital élargi, les arcades sourcilières brisées et était entouré d'un cercle de pierres *(fig. 41)*. Le cérémonial semble clair. Les restes des néandertaliens de Krapina en Croatie semblent témoigner également de cannibalisme.

On connaît bien des crânes plus anciens dont le trou occipital semble avoir été élargi artificiellement. Un crâne d'homme érigé de Chou-Kou-Tien a été interprété ainsi, mais le fait que les crânes originaux aient disparu ne permet pas de le vérifier. Le trou occipital élargi de la femme de Steinheim en Allemagne a fait l'objet de la même interprétation, mais il faut être prudent, car les conditions de la fossilisation peuvent donner, par hasard, des trous occipitaux agrandis. Le cannibalisme, qu'il soit alimentaire ou rituel, doit être prouvé. Si les populations paléolithiques ont bien pratiqué le décharnement des cadavres, cela ne prouve pas le cannibalisme. Il faut une série d'arguments convergents, comme le décharnement se traduisant par des stries d'écorchage sur le crâne et l'existence d'os fracturés. C'est ce qu'a observé J. Courtin dans le site néolithique de La Baume de Fontbrégoua, dans le Sud de la France, où les crânes portaient les stries laissées par les outils de décarnisation en silex.

Une prise de conscience

La seule évidence, c'est que les sépultures semblent correspondre à un phénomène culturel touchant à la fois les populations néandertaliennes et les premiers hommes modernes depuis environ 100 000 ans. L'homme manifeste le souci de préserver ses morts, mais pourquoi ? La mort avait-elle acquis une signification magique ? Le soin donné aux sépultures traduit-il un moyen de se protéger des morts qui sont censés vivre dans la tombe et à proximité ? Cela expliquerait le ligotage des morts encore employé par certaines peuplades. Les morts recevaient-ils des offrandes pour un séjour dans un au-delà ? Il n'est pas possible pour l'instant de répondre à ces questions sans verser dans la spéculation. Les sépultures prouvent en tout cas que l'homme avait pris conscience de sa mort et qu'il se distinguait ainsi des autres espèces animales qui ne pratiquent jamais de sépultures : les chimpanzés et les gorilles observés dans la nature pendant de nombreuses années n'ont jamais manifesté d'intérêt pour leurs congénères morts. Ils abandonnent leurs cadavres.

Les sépultures suggèrent l'existence de rites, peut-être de croyances en un au-delà, qui nous resteront à jamais inconnus. Grâce à l'invention de l'écriture, 3 500 ans av. J.-C., nous avons accès, chez les pasteurs et agriculteurs de Mésopotamie, aux premiers témoins d'une pensée religieuse. Mais entre les premières sépultures et l'invention de l'écriture, les hommes modernes nous ont laissé un autre témoignage de leur évolution psychique, tout aussi difficile à interpréter. C'est l'art rupestre.

16
L'abstraction, la signature de l'art rupestre.

Si les outils moustériens du Paléolithique moyen sont souvent si finement retouchés qu'ils constituent en eux-mêmes de véritables œuvres d'art, jamais les néandertaliens n'ont laissé les traces d'un art figuratif. L'art préhistorique apparaît donc comme une innovation des hommes modernes.

Le message des cavernes

Les recherches les plus récentes ont montré que les plus anciennes œuvres préhistoriques aussi bien en Europe qu'en Australie remontaient à environ 24 000 ans[174]. L'art mobilier, comme l'art pariétal, se développe chez les civilisations du Paléolithique supérieur de l'Oural à l'Atlantique. Cet art paléolithique possède une grande unité et évolue à partir d'abstractions vers un réalisme de plus en plus grand qui atteindra son apogée au Magdalénien, dans le célèbre gisement de Lascaux en Dordogne[175], ainsi qu'à Altamira près de Santander en Cantabrie. Cette unité profonde de l'art montre cependant l'individualisation de styles régionaux caractérisés par les choix des représentations et leurs dispositions dans les cavernes, qui reflètent la symbolique des divers groupes ethno-culturels.

Le message des cavernes commence au Gravettien, se poursuit au Solutréen et s'épanouit au Magdalénien dans environ 220 sites situés pour la plupart dans le Sud-Ouest de la France et le long du littoral atlantique de l'Espagne. Denis Vialou[174] estime que :

Mettre entre le réel et soi une forme, une image inscrite sur la pierre ou un ossement consiste à opérer une abstraction essentielle : la forme créée existe désormais indépendamment de son inventeur ; le fait que les préhistoriques aient choisi la pierre d'abris-sous-roche et de grottes comme support pour leurs représentations montre qu'ils ont voulu donner à leurs œuvres une existence propre, une durée de vie supérieure à la leur, capable d'établir entre les générations un support de traditions.

Dans la plupart des sites, les signes abstraits, peints (damiers, points, tirets, barres, taches) ou gravés (traits) sont les plus abondants[176]. La répétition rythmée des encoches sur les ossements du matériel mobilier atteste d'une signification numérique, tout comme sans doute les séquences de points et tirets observées dans certaines grottes.

Il est remarquable de constater que la plupart des figurations se rapportent à des animaux. Les hommes préhistoriques n'ont pas fait souvent leurs propres portraits. Les rares représentations de têtes humaines de la grotte de la Marche (Vienne) sont extrêmement schématiques, voire caricaturales[177], ce qui témoigne sans doute de la signification symbolique de l'homme dans ces sociétés. On y remarque des profils de jeune fille et d'homme chauve, des silhouettes de guerrier et de danseur. Autres représentations, les mains négatives aux doigts plus ou moins amputés de la grotte de Gargas *(fig. 42, page suivante)* et d'autres cavernes des Pyrénées[178-179], dont la signification reste très hypothétique (magie, amputation rituelle ou trace de maladie ?). Il faut citer également les figurations à cachet magique d'hommes masqués (sorciers, chamans ?) dont l'un des plus célèbres est le sorcier à l'arc musical de la grotte des Trois-Frères (Pyrénées ariégeoises) situé au sein d'un enchevêtrement de gravures animales magdaléniennes[179] *(fig. 43, page 186)*. Les représentations humaines les plus complètes réalisées par les hommes préhistoriques sont les statuettes féminines généralement qualifiées de « Vénus[180] », dont la signification reste inconnue, malgré tous les symbolismes de fécondité que l'on a voulu leur attribuer. Qui n'a pas vu les représentations de cette « Vénus à la corne » ou « Dame de Laussel », de la « Dame de Brassempouy » (Landes) avec sa chevelure, ou les « Vénus de

Grimaldi », de « Laugerie-Basse », de « Tursac », de « Willendorf » (Autriche), toutes plus suggestives les unes que les autres par l'exagération des caractères qui ont trait à la maternité (seins, hanches et fesses) ? A noter que les visages restent non personnalisés, répondant peut-être à une symbolique de tabou.

Curieusement, jamais l'homme n'a représenté de fleurs, d'arbres, de paysages, d'habitations. Des scènes de chasse sont connues uniquement dans les civilisations néolithiques du Sud de l'Espagne. Le choix des motifs est donc comme le souligne D. Vialou[174] :

> complètement coupé du réel, abstrait, malgré les apparences de réalisme que lui confèrent les représentations animales.

Figure 42 – Art préhistorique. 1 : frise de cerfs à Lascaux (Dordogne), correspondant à la décomposition des principaux mouvements de nage d'un cerf traversant une rivière ; 2 : tableau des principaux modes d'amputation dans la grotte de Gargas, Pyrénées. Les interprétations des mains « mutilées » de Gargas sont difficiles, certains les considérant comme d'origine pathologique, d'autres comme figuratives et réalisées avec des doigts repliés ; 3 : chasseur à l'arc de Valtorta, Espagne (1 et 3, d'après des photographies ; 2, d'après A. Clot, 1973).

L'homme préhistorique maîtrisait parfaitement les techniques graphiques utilisant les reliefs de cavités pour créer des illusions de volume et de perspective. Si souvent, comme à Altamira près de Santander (Espagne), les animaux sont représentés comme figés par un « flash » d'appareil photo, à Lascaux ils sont en mouvement[175], traduisant des traitements différents de l'image. L'homme préhistorique était en effet un excellent observateur. La preuve en est fournie à Lascaux, où il a décomposé les mouvements d'un cerf qui traverse une rivière en une séquence de plusieurs dessins *(fig. 42)*. Filmés les uns après les autres et projetés, ces dessins reconstituent la nage ; il s'agit du plus ancien essai connu de séquence de dessin animé !

Beaucoup de préhistoriens ont cherché la signification de l'art rupestre ; dans leurs interprétations l'imagination des auteurs n'a pas fait défaut. Les travaux d'Annette Laming-Emperaire[181] et d'André Leroi-Gourhan[182] ont pour la première fois tenté d'introduire de la rigueur dans l'inventaire et d'en dégager les grandes caractéristiques. Ces auteurs ont conclu à un agencement non lié au hasard, mais répondant à des règles précises, peut-être rituelles. On constate l'existence sur les parois des grottes d'une juxtaposition très fréquente du couple bison-cheval, renne-cerf. Avec Leroi-Gourhan[183], il faut admettre que :

> De la religion paléolithique, il ne reste qu'un décor complexe agencé avec le plus grand soin. Il est hors de doute que ces dispositifs symboliques prouvent l'existence d'une mythologie dès l'Aurignacien, mais celle-ci nous restera à jamais inconnue.

D. Vialou[179], qui a repris les analyses des peintures rupestres, estime que dans une ambiance culturelle assez homogène, il semble que chaque ethnie ait voulu affirmer dans chaque grotte ses propres symboles et ses mythes. Il reste, pour ceux qui ont eu la chance de pouvoir les observer, la grande beauté des dessins, la splendeur des fresques de Lascaux ou de Font-de-Gaume aux Eyzies, ou d'autres cavités plus modestes, qui traduisent les qualités esthétiques indéniables de nos ancêtres, leur intelligence, leur imaginaire, leur mystère ; un véritable envoûtement…

Figure 43 – Art préhistorique : grotte des Trois-Frères (Pyrénées ariégeoises). Panneau du septième ensemble du sanctuaire : il renferme notamment sur le bas à droite le fameux « Sorcier à l'arc musical », une figure composite bison-homme, située au milieu d'un enchevêtrement de gravures de chevaux, de bisons, de rennes et de caprinés (d'après D. Vialou, 1986, modifié).

17
Le surdoué invente la guerre.

C'est à partir de 3 000 ans av. J.-C., lors de la période des dynasties archaïques ou pré-sargoniques des cités-États de Lagash, Nippur, Uruk et Ur, que l'on voit apparaître sur les tablettes d'argile le vocabulaire militaire. Les cités-États étaient dirigées par des chefs de guerre qui, devenus rois, poursuivaient une politique expansionniste. Les guerres étaient commencées. Il s'agit là d'une innovation dans le monde vivant, canalisant l'agressivité d'un peuple au service d'un groupe de pression. Pour comprendre cette nouveauté, analysons l'agressivité chez les autres membres de la famille.

Meurtres prémédités chez les chimpanzés

Comme chez les autres espèces animales, les conflits entre individus sont généralement liés à la défense d'un territoire de chasse, à celle des petits, à la conquête d'une femelle pour les mâles et à l'affirmation d'une dominance au sein du groupe. Comme on l'a constaté à propos du langage, le psychisme des singes supérieurs a été largement sous-estimé. Les travaux de Jane Goodall[138, 184] et d'autres spécialistes[139] ont montré que nos cousins sont plus proches de nous qu'on ne le supposait. Ils partagent avec nous un très grave défaut, puisqu'ils sont capables de meurtres prémédités ! Surprenant ! Le groupe de chimpanzés de la réserve de Gombe Stream étudié par J. Goodall vivait paisiblement sur le territoire de Kasakela. Or, sept mâles et trois femelles avec leurs petits firent sécession et s'en allèrent vivre plus au sud sur un territoire qui jouxtait le précédent, la région de Kahama. J. Goodall, qui observait les deux groupes de chimpanzés, constata que les chimpanzés de Kasakela attaquaient les dissidents de Kahama lorsqu'ils étaient seuls, les battaient et les tuaient. Cette lutte fratricide dura environ trois ans, jusqu'à l'élimination physique définitive des dissidents. C'est dire que les chimpanzés du Nord n'avaient pas admis cette sécession et avaient froidement assassiné les dissidents ; une série de meurtres indiscutablement prémédités. Les chimpanzés ont donc de la suite dans les idées et ne sont pas aussi doux ni innocents qu'on pourrait le croire. Ils sont très proches de nous et ici encore, c'est plutôt une différence de degré que de nature profonde qui est suggérée. Mais l'homme a fait mieux que le singe dans ce genre d'exercice, il s'en est même fait une spécialité à très grande échelle.

L'agressivité institutionnalisée chez l'homme

Konrad Lorenz[185] a développé une théorie selon laquelle l'agressivité serait un caractère hérité de nos ancêtres anthropoïdes :

> L'homme tel qu'il est aujourd'hui, avec, dans sa main, la bombe H, produit de son intelligence, et, dans son cœur, l'instinct d'agression hérité de ses ancêtres anthropoïdes et que sa raison ne peut pas contrôler.

Cette façon de rejeter sur nos ancêtres la cause de notre malfaisance ne revient-elle pas à nous absoudre des massacres les plus abominables ? Le mythe de « la bête en l'homme », postulant la réalité d'une pulsion agressive interne, irrésistible, qui s'accumulerait avant de se déchaîner soudain dans la brutalité, est-il vraiment fondé ?

Pierre Karli[186] a montré que l'instinct d'agression n'existait pas, rejetant à la fois l'idée d'un centre nerveux générateur de l'agressivité, et celle de l'existence d'un chromosome du crime, par exemple le fameux chromosome Y surnuméraire, qu'aucune étude scientifique sérieuse n'a pu confirmer.

Pour P. Karli :

> Aucune fatalité d'ordre biologique ne saurait être tenue pour responsable des bassesses humaines, ni surtout des haines que

l'homme sait si bien semer et cultiver, avant d'en récolter – un jour ou l'autre – les fruits amers.

Sigmund Freud a également montré

> qu'à de rares exceptions près, on ne déclenchait pas un conflit pour lui-même, mais en vue d'un but, et qu'il y a donc là une relation non pas de cause à effet, mais de moyen à fin. Sur la fin générale et formelle de tout conflit, à savoir la volonté d'imposer sa volonté à l'autre, se greffent des buts particuliers que l'on cherche à atteindre par le moyen du conflit et qui sont aussi divers qu'il y a de convoitises, d'ambitions et de projets susceptibles d'enflammer une collectivité petite ou grande[186].

Pour les philosophes asiatiques, l'agressivité provient d'un déséquilibre psychique, provoqué par le fait que l'être humain n'accepte pas les limites et les contraintes de sa nature. Il « n'accepte pas son ombre », et rejette sur les autres cette insatisfaction, car c'est beaucoup plus facile que de s'accepter et de se contenter d'être ce que l'on est, avec des limites différentes de celles du voisin.

La guerre se distingue des conflits entre individus par sa dimension collective. L'agressivité est communiquée à un groupe par une manipulation, par une propagande dirigée contre une autre communauté, systématiquement dévalorisée. Le comportement est alors canalisé en utilisant tous les argument affectifs possibles par des langages, par des discours adaptés et par l'utilisation des mass media aux pouvoirs impressionnants. Il est facile de conditionner le public. D'où l'importance d'avoir des informations provenant de sources multiples.

La guerre a aussi souvent un effet dérivatif :

> Il est bien connu qu'en cas de crise sociale, culturelle ou morale et, lorsque le souci de nos dirigeants de masquer leurs échecs se conjugue avec notre propre souci de trouver un exutoire à nos difficultés et à nos déboires, « l'étranger » fournit un bouc émissaire « tout trouvé ».[186]

Les persécutions ne sont pas loin et il n'est pas nécessaire d'insister, tant les exemples abondent sous nos yeux. Comme l'a souligné avec justesse Paul Scott[187] :

> C'est l'homme qui a inventé les guerres qui ensanglantent notre planète, et au plan purement biologique, rien ne s'oppose à ce qu'il réinvente la paix.

Nous y reviendrons plus loin.

Le bilan le plus exceptionnellement négatif de l'humanité

La guerre se caractérise aussi par l'utilisation des armes. Dès les premiers âges du bronze, elles prennent une place importante dans la panoplie humaine. L'homme ne ménagera pas son ingéniosité dans ce domaine privilégié. Des budgets énormes y seront investis. Depuis l'apparition de l'écriture qui en conserve la mémoire, l'histoire est jonchée de millions de cadavres, de monceaux de victimes, de souffrances abominables.

Les relations entre les divers modes de vie des peuples et la guerre sont très variables, depuis les paisibles agriculteurs sédentaires aux belliqueux nomades de la steppe faisant la guerre pour le prestige et le butin. Les guerres constituent, avec les inventions technologiques et conceptuelles, les faits marquants de l'histoire. On peut se demander si la guerre, dans certains cas, n'intervient pas comme un phénomène de régulation de la population, vu qu'elle semble apparaître plus facilement quand il y a moins à partager pour la communauté (moins de travail, moins d'argent, moins de nourriture...). Les guerres liées à des problèmes de colonisation n'entrent pas dans cette catégorie. Les guerres ont décidé du sort des peuples, vaincus, décimés, voués à l'esclavage, éliminés complètement, ou vainqueurs arrogants. Des royaumes se sont constitués ou ont disparu, anéantis. Sans vouloir dresser un inventaire exhaustif, impossible, des guerres multiples enregistrées depuis les débuts de l'histoire, on peut en dénombrer plus de 1 000 très importantes, dont 366 entre 1740 et 1974[188-189]. Le nombre des victimes est lui aussi impossible à évaluer, mais il dépasse plusieurs centaines de millions et atteint sans doute le milliard…

Un gâchis épouvantable d'humains, de cerveaux, d'inventions inexprimées, qui auraient fait la richesse de l'humanité. L'homme cherche décidément à figurer sur le livre des records de la honte ! Notre petit dernier de la famille, notre surdoué de la technologie semble bien peu recommandable. Y a-t-il une solution à ces problèmes ?

Il reste beaucoup à faire, et ce sera très difficile. Mais nous sommes sur la bonne route, si l'on compare aujourd'hui l'éveil du psychisme humain à l'échelle mondiale à ce qu'il était il y a seulement un siècle. Cela grâce à l'éducation et au développement des médias. L'application « effective » de la *Déclaration universelle des droits de l'homme*[190], adoptée par l'Assemblée générale des Nations unies le 10 décembre 1948, constituerait un énorme progrès.

Bien qu'avec la guerre, l'homme ait introduit un nouveau facteur de sélection humaine de type social extrêmement destructeur, il n'a jamais cessé, parallèlement, de refuser la sélection naturelle qui élimine tant de vies. Il y a mis, comme pour la guerre, tous ses moyens technologiques, comme nous allons le voir.

18
Le refus de la sélection naturelle et la maîtrise de l'évolution.

Dès la préhistoire, l'homme moderne a essayé de lutter contre les éléments qui compromettaient son existence en modifiant son environnement. Nous avons vu que l'aménagement de ses sites d'habitat et la maîtrise du feu y ont largement contribué. Mais les maladies faisaient leurs ravages, décimant les populations préhistoriques.

Une espérance de vie limitée

Les recherches sur les populations anciennes sont très difficiles parce que le trop faible nombre de fossiles humains ne permet pas de faire de véritables analyses statistiques. En outre, l'évaluation de l'âge de la mort d'un individu d'après l'observation des sutures crâniennes est toujours assez imprécise[191]. Quels étaient leurs effectifs ? Quelle était l'importance de la mortalité infantile ? Quelle était l'espérance de vie chez les hommes préhistoriques ? D'après des évaluations faites sur les populations les plus exposées actuellement et les indications historiques récentes, il semble que la mortalité infantile, entre 0 et 1 an, pouvait atteindre 25 %. L'espérance de vie devait se situer entre 25 et 30 ans, les individus dépassant 35 ans étant sans doute assez peu nombreux. Ces moyennes signifient qu'un adulte sur deux pouvait atteindre la soixantaine, mais peu au-delà.

L'une des grandes préoccupations de l'homme sera de lutter contre le fléau des maladies qui élimine une très grande partie de la population. C'est dire que l'homme refuse la sélection naturelle et essaiera d'en limiter l'action, avec de plus en plus d'efficacité, grâce à la médecine.

La naissance de la médecine

La maladie n'est pas l'apanage de l'homme, les animaux y sont soumis également. Il est intéressant de noter que certains animaux sont capables d'utiliser des plantes à des fins curatives ou des bains de boue pour cicatriser des blessures. Il est évident que l'homme est resté impuissant devant la maladie jusqu'à une époque très récente, au milieu du XXe siècle. Avec le développement des mythologies au Paléolithique supérieur, il devait exister des sociétés à chamans où des guérisseurs pratiquaient la magie. Nous savons par les études de paléopathologie que les hommes préhistoriques souffraient de nombreuses maladies osseuses connues chez l'homme moderne[192].

Nous avons les preuves de l'existence, depuis le Néolithique, de méthodes thérapeutiques concernant le squelette[193]. Jean Dastugue a mis en évidence sur les fossiles provenant des grottes sépulcrales du Petit-Morin (région parisienne) des traces incontestables de thérapies : consolidations de fractures des os longs n'ayant pu être obtenues qu'avec une contention, pointes de flèches fichées dans les os longs avec tentatives d'extraction, blessures du crâne et trépanations. Les techniques de trépanation réalisées sur le vivant étaient déjà connues au Néolithique. Il fallait découper un volet osseux de forme ronde par une taille en biseau à l'aide d'un silex afin d'accéder au cerveau. Elles ont permis la survie de certains patients, attestée par les traces de cicatrisation : une prouesse de ces premiers chirurgiens de l'impossible, exécutant des interventions qui ne sont totalement maîtrisées que depuis moins d'un siècle[194].

A côté de ces interventions exceptionnelles, dès l'apparition des mythologies et des religions, les dieux et déesses protecteurs sont invoqués pour pallier l'impuissance humaine devant la souffrance causée par les maladies et les malformations. En Égypte, Isis, Hathor et surtout Mert-Seger, la déesse serpent, sont liées au rite de l'incubation auprès de sources sacrées. Le patient buvait de l'eau de la source et dormait dans le sanctuaire où, après les incantations des prêtres, il recevait la visite de la déesse. En Mésopotamie, après examen des entrailles d'animaux sacrifiés par les devins, c'est le dieu Mardouk qui était invoqué par des incantations pour repousser les démons responsables de la maladie. Cela constitue pour Jean Guillermand une première pratique médicale sacerdotale[194]. Dès cette période, une médication est prescrite qui comporte le broyage ou la décoction de plus de 600 plantes médicinales à boire ou à appliquer sur les régions malades.

En Égypte, le papyrus attribué à Imhotep, architecte puis médecin, qui vivait vers 2 800 ans av. J.-C., témoigne d'une pratique médicale rationnelle d'examen, diagnostic, pronostic et traitement. On savait réduire les luxations et les fractures par bandages, attelles rembourrées et utilisation des baumes. Le symbole serpentaire de Mert-Seger restera pour toujours le symbole de l'exercice médical avec le caducée aux deux serpents entrelacés déjà figuré sur le vase à libation de Goudéa, roi de Lagash.

Les règles de la médecine ont été codifiées dans le célèbre code d'Hammourabi datant de 1700 av. J.-C. Le médecin, ou *azu*, a obligation de résultat positif. S'il guérit le patient il a droit à une rémunération, mais s'il le fait mourir, il s'expose à avoir les mains coupées. Dans la Grèce antique, Apollon, le dieu de l'harmonie et de l'intelligence, devint celui que l'on implorait en cas de maladie ou d'épidémie. Asclépios, un héros guérisseur mythique, le remplaça bientôt et dans ses temples, les très nombreux ex-voto, les *aesclepieia*, attestent des guérisons. Mais c'est à Hippocrate, que l'on doit les fondements de la médecine moderne et le célèbre serment que prêtent encore de nos jours les prétendants médecins. A cette époque, les médecins recouraient à l'hydrothérapie, la psychothérapie et aux médications afin de conjurer les maladies. Chez les Grecs, le serpent Python enroulé autour du bâton d'Apollon est parfois interprété comme le symbole de la victoire de l'intelligence sur les maladies.

Progressivement la médecine s'est perfectionnée, mais elle a eu bien des difficultés, notamment avec l'Église qui s'est opposée longtemps aux recherches et aux dissections[4]. Pour l'Église, en effet, étant donné que le mal résulte du péché originel, les maladies et épidémies sont considérées comme une punition divine ou comme l'œuvre du démon. Ambroise Paré voyait lui aussi dans les anomalies humaines la conséquence de la colère divine. En outre, comme l'homme avait été créé à l'image de Dieu, son corps sacré ne devait pas être étudié comme le plus banal des animaux. Se fondant sur la donnée biblique de la présence de l'âme dans le sang, Michel Servet sera brûlé vif en 1553 par les calvinistes pour avoir recherché l'origine de l'âme en étudiant la circulation sanguine. En 1561, le médecin Vésale a été condamné à mort par l'Inquisition. Il faudra attendre Claude Bernard au XIXe siècle pour arriver à une véritable médecine expérimentale scientifique.

Georges Minois, qui a analysé en détail les rapports entre l'Église et la science[5], nous rapporte, par exemple, que le premier devoir des sœurs hospitalières de Tréguier, en Bretagne, n'était pas d'aider les malades à guérir, mais à bien mourir. Cette tradition se perpétuera longtemps, le salut de l'âme étant primordial et la médecine ne devant pas contrarier la volonté divine. Ce sera la raison de la réticence, voire de l'opposition, du clergé pour les vaccinations antivarioliques au début du XIXe siècle. La nécessité du baptême pour les embryons, ayant été réaffirmée jusqu'en 1860 par Pie IX, a aussi été à l'origine d'abominables pratiques, accouchements-boucheries pour faire apparaître la tête de l'enfant ou injection d'eau bénite au moyen d'une seringue dans le corps du fœtus, une invention du médecin Jean Astruc au XVIIIe siècle…

Et c'est seulement à partir de la fin du XIXe siècle que la médecine a réellement vaincu les unes après les autres les grandes maladies et épidémies qui décimaient les populations dans les siècles passés. Parmi les étapes importantes, citons :

– l'invention de la vaccination par Edward Jenner au XVIIIe siècle ;

– la pasteurisation par Pasteur qui a détruit le mythe de la génération spontanée des microbes et a entraîné la prise en considération des soins d'hygiène ;

– les vaccins contre le charbon et la rage toujours par Pasteur entre 1870 et 1886 ;

– l'hygiène de l'accouchement par Semmelweiss qui constitue un progrès médical majeur ;

– la découverte de l'aspirine contre la douleur à la suite des travaux de Charles Frédéric Gehrardt qui découvre l'acide acétylsalicylique, de Felix Hoffmann et Heinrich Dreser qui en proposent l'usage thérapeutique et de Sulne Bergström, Bengt Samelson et John Vane qui reçoivent le prix Nobel en 1982 pour avoir étudié ses modes d'action ;

– la découverte de la pénicilline, le premier antibiotique, par Sir Alexander Fleming en 1929, qui permet désormais de traiter les maladies contagieuses.

Grâce surtout au développement de l'hygiène, devenue habitude de vie dans les pays occidentaux, et à ce fantastique arsenal médical, la médecine depuis les années quarante est désormais très bien outillée pour lutter avec efficacité contre les agents infectieux de la sélection naturelle qui éliminaient une partie importante de la population. Dans les pays qui ont les moyens de développer une médecine qui coûte de plus en plus cher, les résultats ont été spectaculaires. La mortalité infantile a été réduite à moins de 1 %, l'espérance de vie a progressivement augmenté pour atteindre aujourd'hui entre 70 et 80 ans. Les progrès de la médecine et le développement de l'hygiène ont permis d'éliminer presque complètement un certain nombre de maladies autrefois mortelles, mais cette victoire n'est que temporaire, comme en témoigne la recrudescence de certaines maladies avec le recul de l'hygiène dans les pays de l'Est. Certaines affections comme les cancers sont extrêmement résistantes aux recherches humaines, parce que souvent liées à des dérèglements de développement cellulaires locaux indétectables précocement. Ici, le développement de la prévention est une arme aussi efficace que les thérapeutiques les plus complexes. Il faut aussi faire face aux imprévus de l'évolution, le dernier en date étant l'apparition du virus du sida. Une mutation virulente d'un germe ancien inoffensif de primate sème la désolation à l'échelle mondiale. Cette maladie va réduire de façon dramatique les effectifs des populations de certains pays, le temps que les scientifiques découvrent une parade efficace, dont on sait qu'elles sont le plus souvent le fruit du hasard... Nul doute que le remède sera trouvé, de la même façon que l'on contrôle aujourd'hui le virus de la grippe.

Mais les progrès incontestables apportés par la médecine à l'humanité ont d'autres conséquences secondaires qui posent de plus en plus de problèmes à nos sociétés.

Les conséquences du refus de la sélection naturelle

En raison de la réduction de la mortalité infantile, les porteurs de certaines anomalies génétiques fortement traumatisantes, qui disparaissaient à la naissance ou dans les premières années de la vie, ont maintenant des possibilités de survie provoquant une vie handicapée beaucoup plus allongée. Cela implique une prise en charge par la société, charge qu'elle assure de mieux en mieux, mais pas encore de façon satisfaisante. D'un autre côté, des accouchements difficiles et prématurés, sauvés grâce à l'équipement technique très efficace, laissent parfois des handicaps psychiques importants qui posent le problème éthique très délicat de la pratique médicale, en particulier de l'acharnement thérapeutique...

Certaines anomalies bénignes touchant la vue se sont multipliées en l'espace d'un siècle et le nombre de porteurs de lunettes a augmenté de façon considérable. Cette augmentation est aussi en partie liée à la lecture qui habitue les yeux à travailler toujours à la même distance. Une anomalie importante de la vision à l'époque préhistorique ne pardonnait pas.

L'allongement de l'espérance de vie a comme conséquence directe une augmentation du nombre des personnes de plus en plus âgées. Cet accroissement entraîne un déséquilibre dans la population, le nombre des personnes actives diminuant relativement. On commence à en percevoir les conséquences économiques et sociales qui ne vont que s'accentuer. Les relations entre les membres des familles sont perturbées, trois à quatre générations pouvant désormais coexister. L'allongement de l'espérance de vie implique aussi que la société en tienne compte et développe les moyens d'assurer à tous une vieillesse décente. Mais ce sera au prix d'un accroissement considérable des charges sociales pour maintenir la prise en charge des maladies et des retraites, sans oublier une augmentation indispensable du parc immobilier des maisons de retraite et de soins. Des problèmes à résoudre dès maintenant. La question qui se pose pour la société, c'est de savoir jusqu'où elle pourra et voudra aller, financièrement, pour assumer ses nouvelles responsabilités.

Le problème majeur pour l'humanité qui résulte, en partie seulement des progrès de la médecine, c'est l'accroissement quasi exponentiel de la population mondiale. Si cette expansion n'est pas maîtrisée par un moyen ou par un autre, elle peut conduire, par une inadéquation entre le nombre potentiel d'individus à nourrir et la quantité de nourriture disponible, à des famines et à des conflits armés.

Ce problème semble en voie de solution dans un pays aussi grand et peuplé que la Chine qui arrive désormais à nourrir tous ses habitants, mais à quel prix ! Celui de la perte de liberté d'avoir plus d'un enfant par couple ; un choix de société. A notre époque, ce type de problème pourrait bien se poser dans des temps proches dans les anciens pays de l'URSS qui ont une économie totalement désorganisée.

L'homme maître de son évolution

Les premiers hommes ont été totalement soumis aux contraintes de leur environnement : situation géographique, climat, végétation, faune et autres populations humaines. L'amélioration des conditions de la vie a sans doute été le moteur des innovations technologiques. On imagine la satisfaction de ces hommes lorsqu'ils ont su construire des habitations, maîtriser le feu, confectionner des outils de chasse performants, se fabriquer des vêtements, cultiver des céréales, élever des animaux et les domestiquer, et enfin découvrir le monde par l'approche rationnelle et scientifique dont notre connaissance technologique et scientifique actuelle est l'aboutissement.

Les premiers progrès techniques, la maîtrise de l'habitat et du feu ont permis à l'homme d'atténuer les effets de la sélection naturelle et de faire baisser la mortalité, face aux rencontres d'animaux sauvages et aux intempéries. Mais c'est surtout grâce à la médecine et à la recherche biologique que l'homme s'affranchit de plus en plus de la sélection naturelle qui gère l'évolution des espèces. Au point que l'homme est en passe de contrôler sa propre évolution biologique par le génie génétique. Sera-t-il génial ? Souhaitons-le ! Le comportement humain global sera-t-il assez mature pour en faire une utilisation judicieuse ? Les risques de détournement dans un but d'eugénisme sont très grands. Mais on n'arrête pas la recherche, qui n'est en elle-même ni bonne, ni mauvaise, mais est simplement un outil à la disposition de l'humanité. A elle de bien l'utiliser... Cette maîtrise progressive de son évolution implique pour l'homme un changement de mentalité.

19
Le bilan, l'explication biologique de l'évolution, l'incontournable éthique.

Au terme de cet ouvrage, essayons de dresser le bilan des acquis de la science, avec leurs conséquences souvent encore mal perçues et qui vont poser des problèmes sociaux importants. Tentons aussi de prendre un peu de recul, comme si nous observions l'humanité depuis l'extérieur, afin de faire le point des connaissances actuelles.

Du point de vue scientifique, il est désormais évident, et bien démontré, que la théorie de l'évolution s'applique à l'homme comme au reste du monde animal. La science progresse au gré des découvertes et de l'introduction de nouvelles visions globales qui permettent des réinterprétations des faits observés et aboutissent à des théories de plus en plus explicatives. Dans cet ouvrage, j'ai présenté un certain nombre de nouvelles hypothèses et de nouveaux modèles évolutifs qui seront testés par les futures recherches et les nouvelles découvertes. Car c'est bien par le test des hypothèses par des faits précis concordants que s'affirme une théorie. Théorie ne veut absolument pas dire dogme comme certains le croient encore trop souvent. Les théories scientifiques ne sont jamais définitives, mais se remplacent les unes les autres, en gardant l'acquis des théories précédentes et en s'enrichissant de nouveaux concepts.

L'homme est l'un des aboutissements de l'évolution biologique du monde vivant, au même titre que les deux autres millions d'espèces qui peuplent la Terre, la planète des insectes et des hommes ! L'évolution humaine résulte des interactions entre les contraintes internes du programme génétique et du développement et les contraintes externes de l'environnement, le climat, la végétation…

L'homme s'enracine plus particulièrement au sein du groupe des primates supérieurs dont l'origine est indiscutablement africaine. Il a derrière lui une longue histoire évolutive, d'au moins 20 millions d'années, qui explique à la fois les ressemblances et les différences avec les primates les plus proches de la famille. L'évolution des hominidés se caractérise par des différences d'ampleur aux divers niveaux d'organisation du vivant. Nous avons vu que la divergence était très faible au niveau des gènes, plus forte au niveau des chromosomes et très importante au niveau anatomique. L'existence d'un ancêtre commun ne peut plus être contestée aujourd'hui, puisque nous en avons conservé la marque indélébile dans notre formule chromosomique sous la forme de sept chromosomes mutés de façon identique. Nous avons examiné plusieurs hypothèses qui peuvent expliquer les divergences entre les formules chromosomiques des divers membres de la famille. Ces hypothèses impliquent l'apparition de mutations au sein de populations qui pouvaient encore se croiser. Cette nécessité biologique m'a permis de proposer plusieurs modèles possibles de la généalogie. L'un des modèles de diversification, celui en trois branches, implique qu'un australopithèque archaïque ou pré-australopithèque, encore quadrupède, soit l'une des trois composantes de l'ancêtre commun. On comprend alors pourquoi les paléontologistes ont du mal à l'identifier dans les archives paléontologiques. En effet cette composante de l'ancêtre commun doit avoir à peu près la même morphologie crânienne et dentaire que l'australopithèque, mais doit en différer par l'existence d'un bassin de quadrupède voisin de celui du chimpanzé actuel. Les quelques dents découvertes jusqu'ici en Afrique (Ngorora, Lukeino et Lothagam au Kenya) dans les dépôts datés entre 12 et 4 millions d'années sont conformes aux prédictions de l'hypothèse. Attendons la découverte du bassin... L'autre modèle amène à considérer la formule chromosomique du chimpanzé comme le résultat de l'hybridation d'un pré-gorille et d'un pré-humain, en l'occurrence un pré-australopithèque. Le chimpanzé descendant d'un pré-humain est une idée sans doute choquante pour beaucoup, mais qui ne saurait être exclue...

Il y a deux grandes phases successives dans l'hominisation. La première correspond à l'acquisition de la bipédie chez les singes bipèdes australopithèques, une innovation qui permet la libération de la main et son prolongement par l'outil. La seconde correspond à l'accroissement de la capacité crânienne dans la phase humaine proprement dite. Une nouveauté qui fait de l'homme un être exceptionnel par le développement de la pensée réfléchie. Ces deux grandes étapes de l'hominisation, sur lesquelles tous les spécialistes s'accordent, n'ont pas reçu jusqu'ici d'explications satisfaisantes. On fait parfois intervenir le milieu en lui attribuant un rôle majeur dans une conception lamarckienne dépassée, où l'apparition de la bipédie serait le résultat de la volonté des premiers singes de savane de se redresser pour voir au-dessus des hautes herbes. Dans d'autres cas, on fait également intervenir le milieu, mais en lui donnant, selon une conception darwinienne stricte, un rôle majeur de sélection directionnelle faisant passer « progressivement » le bassin de quadrupède à un bassin de bipède. La théorie que j'ai développée dans cet ouvrage est fort différente. Elle est « internaliste » pour l'apparition des caractères et « externaliste », ou darwinienne, pour leur conservation, ou leur élimination, par la sélection naturelle. Elle fait appel aux données biologiques du développement en soulignant l'importance, sous-estimée à mon avis, des contraintes internes de la croissance. Dans mon esprit, le passage de la quadrupédie à la bipédie a été brutal, en l'espace d'une (ou deux) génération(s), comme le résultat d'une (ou plusieurs) mutation(s) touchant les gènes de régulation de la croissance. Ces processus sont ceux qui assurent les changements de formes chez les autres animaux, pourquoi pas chez l'homme ? La science permet en effet aujourd'hui de proposer une explication du changement morphologique qui existe entre les singes supérieurs et l'homme. Une mécanique qui constitue en quelque sorte une nouvelle clé de lecture de l'évolution humaine. Une mécanique qui résout le paradoxe du faible changement génétique associé à un profond changement morphologique et psychique. Les changements morphologiques dans le monde animal sont souvent liés à des modifications de la chronologie du développement et les conséquences sont aussi importantes qu'imprévues. Beaucoup de caractéristiques humaines apparaissent simplement comme la conséquence « secondaire » de plusieurs restructurations du crâne. C'est le cas de la conservation permanente de la bipédie, de la libération de la main désormais prolongée par l'outil, et de la possibilité du langage articulé chez l'homme, impossible mécaniquement chez les singes supérieurs. Il est bien évident que cette approche constitue une nouvelle voie de recherche et que les processus en jeu sont sans doute complexes. A suivre...

La biologie nous permet désormais de mieux comprendre la complexité de l'espèce humaine actuelle. Le problème de l'origine géographique de l'homme moderne n'a pas reçu de conclusion définitive, mais les analyses moléculaires, lorsqu'elles seront généralisées, devraient permettre de préciser ce lieu. Au cours de ce livre j'ai volontairement insisté sur la diversité actuelle, qui est la grande richesse de l'humanité et doit absolument être préservée pour son avenir. N'oublions pas que les mutations actuellement neutres peuvent avoir de l'intérêt pour l'avenir, dans la mesure où elles correspondent à une « pré-adapation », à de nouvelles conditions d'environnement encore inconnues. Nous avons vu à ce propos que la notion de race, si importante dans la vie de tous les jours, n'avait pas de justification scientifique chez l'homme actuel. Un point capital, trop méconnu...

L'une des questions souvent posées est la suivante : l'homme continue-t-il son évolution ? La réponse est positive. La réduction du massif facial lié à la bascule de l'os occipital, dont nous avons analysé les principales étapes, n'est pas encore achevée. Elle se traduit actuellement par une réduction des prémolaires qui n'ont, dans certains cas, plus de place sur le maxillaire pour bourgeonner. Les dentistes en font l'observation journalière. Dans le même contexte, la disparition progressive de la troisième molaire, celle dite de « sagesse », atteint actuellement 60 % de la population. La mâchoire est trop réduite pour qu'elle puisse trouver une place, ce qui se traduit par des extractions. Les incisives latérales se réduisent également en forme et en taille, pour donner les incisives en « grain de riz ». Il n'y a donc aucune ambiguïté, l'évolution est toujours en action...

Mais sur l'évolution biologique qui se poursuit actuellement, se greffe une autre évolution, inconnue ailleurs dans le monde animal, celle de la « culture ». Grâce à l'accroissement de la capacité crânienne et à l'allongement de la période d'apprentissage, l'homme a acquis cette capacité de pensée réfléchie qui le distingue des autres membres actuels de sa famille. C'est sans aucun doute la grande caractéristique de l'humanité, qui assure le succès de l'espèce dans le monde vivant. Une culture qui s'accumule par la transmission orale et l'écriture pendant une période juvénile fort allongée par le recul de la maturité sexuelle, lorsqu'on la compare à celle de nos cousins primates supérieurs, et qui constitue un point majeur de différence avec eux. La diversité culturelle est une autre grande richesse de l'humanité, qui amplifie la plupart du temps les faibles divergences biologiques entre les populations, mais témoigne de l'esprit d'invention de l'homme en face des problèmes qu'il doit résoudre. Un acquis qu'il faut aussi maintenir.

Grâce à la pensée réfléchie, l'homme s'est de plus en plus affranchi des contraintes de l'environnement et de la sélection naturelle par la technologie et la médecine. Il y a si bien réussi qu'il va être la première espèce à devenir partiellement, ou totalement, maître de son évolution, une situation toute nouvelle dans le monde vivant, qu'il commence seulement à percevoir. Cette nouvelle donnée a une implication majeure, c'est celle de la mondialisation des problèmes. On ne peut plus vivre isolé, les actes de chacun d'entre nous ont des répercussions sur la vie des autres. Les responsabilités de tous sont donc accrues dans tous les domaines. Espérons que la prise de conscience de cette nouvelle dimension humaine deviendra une réalité au XXIe siècle. Car la maîtrise de son évolution et de son environnement rend l'homme, d'une certaine façon, totalement tributaire des nouvelles conditions qu'il crée lui-même. Il devient de plus en plus indépendant du milieu naturel, mais de plus en plus dépendant du milieu artificiel. L'accident de Tchernobyl en est un exemple récent. Ses actions sur l'environnement mettent ainsi en péril de nombreuses espèces animales. Comme l'homme a acquis en outre la possibilité de faire disparaître toute vie à la surface de la Terre par l'utilisation des armes nucléaires, il devient donc de plus en plus le maître de son évolution et de celle de toute la biosphère. Cette évolution est totalement imprévisible. Pourquoi ? Parce que les hommes, notamment les décideurs, n'ont pas pris encore pleinement conscience de leur interdépendance. En outre, de multiples facteurs personnels ou locaux interviennent dans leurs décisions qui ont des répercussions amplifiées à l'échelle de la planète. La nécessité prioritaire d'une « éthique mondiale » ressort également de tous les plaidoyers. L'avenir de l'homme est à ce prix...

Ce pouvoir fantastique acquis par l'homme implique donc un changement nécessaire de mentalité. Pierre Karli[186] a fait l'inventaire des divers aspects à changer : la tolérance, l'acceptation du droit à la différence, la reconnaissance à autrui d'une dignité et de droits égaux pour tous et le développement d'un sens profond de la justice. Autant de principes de base qu'il faut promouvoir par l'éducation. C'est-à-dire, en fait, la reconnaissance et l'application de la *Déclaration des droits de l'homme*[190] adoptée par les Nations unies en 1948, auxquelles il faut ajouter la nécessité plus personnelle de trouver un sens à l'existence. Dans un article célèbre intitulé : *Cri d'alarme pour le XXIe siècle*[195], D. Ikeda et A. Peccei, le fondateur du Club de Rome, ont lancé un appel dans ce sens :

> Le meilleur espoir de l'homme d'avoir un avenir heureux réside dans une révolution éthique qui lui permette d'arriver à se comprendre lui-même et à donner un sens au monde dans lequel il vit.

Devant la technologie triomphante ayant de plus en plus tendance à paraître « déshumanisante », dont nous ne savons pas toujours maîtriser les excès ou les ratés, l'homme éprouve le besoin de développer des relations humaines plus chaleureuses. Il a en outre toujours eu un désir, plus ou moins inconscient, de transcendance, qui explique le développement des religions et des philosophies. A notre époque, la désillusion technologique explique sans doute en partie le succès des sectes et le retour paradoxal à la croyance en l'irrationnel. Il est décidément difficile à l'homme issu du monde animal primate d'assumer les nouvelles responsabilités que lui procure la pensée réfléchie. Mais compte tenu des « adaptations multiples » qu'il a su trouver face aux énormes défis de l'époque préhistorique, on peut espérer qu'il saura trouver les solutions et les moyens assurant un avenir à l'espèce humaine.

Bibliographie

1. DARWIN, C., 1871, *La Descendance de l'homme et la sélection naturelle*. Traduction de E. Barbier sur la 2e édition anglaise (1874). Réédition. Éd. Complexes, Bruxelles, 656 p.
2. LAMARCK, J.-B. de., *Philosophie zoologique*. Dentu, Paris, 2 vol. (réédition Culture et Civilisation, Bruxelles, 1970).
3. DARWIN, C., 1859, *On the Origin of Species by Means of Natural Selection, or the Preservation of Favored Races in the Struggle for Life*. Harvard Univ. Press, Belknap Press, Cambridge, Mass. (Facsimilé, E. Mayr, éd.) Réédition Maspéro, Paris, 1980, vol. 234-235, 610 p.
4. MINOIS, G., 1990, *L'Église et la science. Histoire d'un malentendu. I. De saint Augustin à Galilée*. Fayard, Paris. 484 p.
5. MINOIS, G.,1991, *L'Église et la science. Histoire d'un malentendu. II. De Galilée à Jean-Paul II*. Fayard, Paris. 526 p.
6. MIYAMOTO, M. M., KOOP, B. F., SLIGHTOM, J. L., GOODMAN, M., et TENNANT, M. R., 1988, « Molecular systematics of higher primates : Genealogical relations and classification », *Proc. Natl. Acad. Sci. USA*, 85, 7627-7631.
7. COLLET, J.-Y., 1988, « La planète des Primates », in *Les Petits des grands singes, Terre sauvage*, Éd. Nuit et Jour, 6-12.
8. NAPIER, J. R., et Napier, P. H., 1967, *A Handbook of Living Primates*. Acad. Press, Londres, 456 p.
9. TYSON, E., 1699, *Orang Outang Sive Homo Sylvestris*.
10. LINNE, C., 1758-59, *Systema naturæ per regna tria naturæ, secondum classes, ordines, genera, species, cum charactribus, differis, synonymys, locis*. 2 vol. Reg. animale, 1, 1-284.
11. MENDEL, G., 1866, « Versuchen uber Pflanzen-Hybriden », *Verh. Naturforsch. ver. Brünn*, 4, 3.

12. WATSON, J. D., et CRICK, F. H., 1953, « Molecular structure of nucleid acids. A structure for desoxyribose nucleic acid », *Nature*, 171, 737.
13. GROS, F., 1986, *Les Secrets du gène*. Odile Jacob, Seuil, Paris, 414 p.
14. KING, M. C., et WILSON, A. C., 1975, « Evolution at two levels in human and chimpanzees », *Science*, 188, 201-203.
15. MIYAMOTO, M. M., SLIGHTOM, J. L., et GOODMAN, M., 1987, « Phylogenetic relations of humans and african apes from DNA sequences in the ψη globin region », *Science*, 23, 369-373.
16. MARSHALL, C. R., 1992, « Character analysis and the integration of molecular and morphological data in an understanding of sand dollar phylogeny », *Mol. Biol. Evol.* 309-322.
17. DIN, W., DAVID, B., LAURIN, B., CHALINE, J., HARADA, M., et CATZEFLIS, F., 1993, « DNA/DNA hybridization study of the Clethrionomyini (Arvicolidæ, Rodentia) : comparison with morphological and paleontological data », *Comptes Rendus Ac. Sc. Paris*, 316 (II), 709-716.
18. WIENER, A. S., et MOOR-JANKOWSKI, J, 1965, « Primate blood groups and Evolution », *Science*, 148, 255-256.
19. GROUCHY, J. de, TURLEAU, C., ROUBIN, M., et KLEIN, M., 1972, « Évolutions caryotypiques de l'homme et du chimpanzé. Étude comparative des topographies de bandes après dénaturation ménagée », *Ann. Génétique*, 15, 79-84.
20. DUTRILLAUX, B., VIEGAS-PEQUIGNOT, E., et COUTURIER, J., 1986, « Les méthodes cytogénétiques », *Mammalia*, 50, 11-20.
21. Dutrillaux, B., et COUTURIER, J., 1986, « Principes de l'analyse chromosomique appliquée à la phylogénie : l'exemple des Pongidæ et des Hominidæ », *Mammalia*, 50, 22-37.
22. ANDREWS, P., et CRONIN, J. E., 1982, « The relationships of *Sivapithecus* and *Ramapithecus* and the evolution of the orang-utan », *Nature*, 297, 541-546.
23. LIPSON, S., et PILBEAM, D., 1982, « *Ramapithecus* and Hominid evolution », *Jour. of Human Evolution*, 11, 545-548.
24. CHALINE, J., DUTRILLAUX, B., COUTURIER, J., DURAND, A. et MARCHAND, M., 1991, « Un modèle chromosomique et paléobiogéographique d'évolution des primates supérieurs », *Géobios*, 24 (1), 105-110.

25. JAEGER, J. J., 1975, *Les Muridae (Mammalia, Rodentia) du Pliocène et du Pléistocène du Maghreb. Origine ; évolution ; données biogéographiques et paléoclimatiques*. Thèse d'État Université Sciences et Techniques du Languedoc, 148 p.

26. BOLTENHAGEN, E., DEJAX, J., et SALARD-CHEBOLDAEFF, M., 1985, « Évolution de la végétation tropicale africaine du Crétacé à l'actuel d'après les données de la palynologie », *Bull. Section Sciences*, 8, 165-194.

27. TAKASHI, K., et JUX, U., 1989, « Palynology of Middle Tertiary lacustrine deposits from the Jos Plateau », *Bull. Nagasaki Univ. Nat. Sc.*, 29 (2), 181-367.

28. DURAND, A. 1993, *Enregistrement sédimentaire de la dynamique climatique au Quaternaire supérieur dans le Sahel central (Niger et Tchad)*. Thèse d'État de l'Université de Bourgogne, 607 p.

29. GOULD, S. J., et VRBA, E., 1982, « Exaptation – a missing term in the science of form », *Paleobiology*, 8 (1), 4-15.

30. BOURDIER, F., 1969, « La lutte de Geoffroy Saint-Hilaire contre Cuvier en faveur de l'évolution paléontologique », in *Toward an History of Geology*, C.J. Schneer, M.I.T. Press, Cambridge, Massachusetts, 31-61.

31. BOURDIER, F., 1971, « Georges Cuvier. Notice biographique », in *Dictionary of Scientific Biography*. C. Scribner's Sons, New York, 3, 521-528.

32. WEINER, J. S., 1972, *La Genèse de l'homme*. Bordas, 18, 23-91.

33. LEROI-GOURHAN, A. 1964, *Le Geste et la Parole*. Albin Michel, Paris, 323 p.

34. BONIS, L. de, JAEGER, J.J., COIFFAIT, B., et COIFFAIT, P.E., 1988, « Découverte du plus ancien primate catarrhinien connu dans l'Eocène supérieur d'Afrique du Nord », *Comptes Rendus Ac. Sc. Paris*, 306 (II), 929-934.

35. CHALINE, J., 1982, *L'Évolution biologique humaine*, « Que sais-je ? », PUF, Paris, 1996, 128 p.

36. THOMAS, H., ROGER, J., SEN, S., BOURDILLON-DE-GRISSAC, C., et AL-SULAIMANI, Z., 1989, « Découverte de Vertébrés fossiles dans l'Oligocène inférieur du Dhofar (Sultanat d'Oman) », *Géobios*, 22 (1), 101-120.

37. SIMONS, E., et PILBEAM, D., 1978, « *Ramapithecus* (Hominidæ) », in

Evolution of African Mammals, Maglio & Cooke (éds.). *Harvard Univ. Press, Cambridge*, 9, 147-153.

38. GINSBURG, L., et MEIN, P., 1980, « *Crouzelia rhodanica*, nouvelle espèce de primate catarrhinien, et essai sur la position systématique des Pliopithecidae », *Bull. Mus. Hist. Nat. Paris*, 4 (2), 57-85.

39. DELSON, E., 1975, « Evolutionary history of the Cercopithecidae », in *Approaches to Primates Paleobiology*, F.S. Szalay (éd.). *Contribution Primatology*, 5, 167-217.

40. MEIN, P., 1983, « Histoire paléontologique des Primates supérieurs jusqu'à l'apparition du genre *Homo* », in *Émergence et originalité de l'homme*, G. Martelet (éd.). *Cahiers Inst. catholique de Lyon*, 9, 31-43.

41. FOSSEY, D., 1984, *Treize ans chez les gorilles*. Presses de la Cité, Paris, 232 p.

42. KOENIGSWALD, G.H.R. von, 1952, « *Gigantopithecus blacki* von Koenigswald, a giant fossil hominoid of Southern China », *Anthr. pap. Amer. Mus. Nat. Hist.*, 43, 292-325.

43. BEGUN, D.R., 1992, « Miocene Fossil Hominids and the Chimp-Human Clade », *Science*, 257, 1929-1933,

44. CHALINE, J., et MARCHAND, D., 1976, « Une solution biologique au problème des Australopithécinés », *Bull. Mus. d'Anthropol. préh. Monaco*, 20, 5-26.

45. BONIS, L. de, 1987, « Les primates de l'Ancien Monde du Paléocène au Miocène », in *L'Évolution dans sa réalité et ses diverses modalités*, M. Marois (éd.). Fondation Singer-Polignac, Masson, Paris, 93-131.

46. PILBEAM, D., 1982, « New hominoid skull material from the Miocene of Pakistan », *Nature*, 295, 232-234.

47. HURZELER, J., 1968, « Questions et réflexions sur l'histoire des Anthropomorphes », *Ann. Pal. Vertébrés*, 54, 195-233.

48. BONIS, L. de, et MELENTIS, G., 1977, « Un nouveau genre de Primate hominoïde dans le Vallésien (Miocène supérieur) de Macédoine », *Comptes Rendus Ac. Sc. Paris*, 284 (D), 1393-1396.

49. DEAN, D., et DELSON, E., 1992, « Second gorilla or third chimp ? », *Nature*, 359, 676-677.

50. BONIS, L. de, BOUVRAIN, G., GERAADS, D., et KOUFROS, G., 1990,

« New hominid skull material from the late Miocene of Macedonia in Northern Greece », *Nature*, 345, 712-714.

51. CONROY, G. C., PICKFORD, M., SENUT, B., VAN COUVERING, A. J., et MEIN, P., 1992, « *Otavipithecus namibiensis*, first Miocene hominoid from southern Africa », *Nature*, 356, 144-148.

52. DART, R. A., 1925, « *Australopithecus africanus* : the man ape of South Africa », *Nature*, 115, 195-199.

53. LEAKEY, L. S. B., 1959, « A new fossil skull from Olduvai », *Nature*, 184, 491-493.

54. LEAKEY, L. S. B., TOBIAS, P. V., et NAPIER, J. R., 1964, « A new species of the genus *Homo* from Olduvai gorge », *Nature*, 202, 7-9.

55. COPPENS, Y., 1978, « Les Hominidés du Pliocène et du Pléistocène d'Éthiopie ; chronologie, systématique, environnement », in *Les Origines humaines et les époques de l'intelligence*. Fondation Singer-Polignac, Masson, Paris, 79-106.

56. WALKER, A., et LEAKEY, R. E. F., 1978, « Les hominidés du Turkana oriental », *Pour la science*, 48-65.

57. LEAKEY, M. D., et HAY, R. L., 1979, « Pliocene footprints in the Laetolil beds at Laetoli, northern Tanzania », *Nature*, 278, 317-323.

58. JOHANSON, D. C., WHITE, T. D., et COPPENS, Y., 1978, « A new species of the genus *Australopithecus* (Primates : Hominidae) from the Pliocene of eastern Africa », *Kirtlandia, Cleveland Mus. Nat. Hist.*, 28, 1-14.

59. WALKER, A., LEAKEY, R. E. F., HARRIS, J. M., et BROWN, F. H., 1986, « 2.5-Myr *Australopithecus boisei* from West of lake Turkana, Kenya », *Nature*, 322, 517-522.

60. KIMBEL, W. H., et WHITE, T. D., 1988, « Variation, sexual dimorphism and the taxonomy of *Australopithecus* », in *Evolutionary History of the* « Robust » *Australopithecines*, F.E. Grine (éd.). Foundation of Human Behavior. Aldine de Gruyter, New York, 175-192.

61. CHALINE, J., et MARCHAND, D., 1977, « Une solution biologique au problème des australopithèques », *La Recherche*, 76, 270-272.

62. LEAKEY, M. D., et LEAKEY, R. E. F., 1978, « *Koobi Fora Research Project* », vol. 1. « The fossil Hominids and an introduction to their context 1968-1974 », *Oxford Clarendon Press*, 191 p.

63. WOOD, B., 1992, « Origin and evolution of the genus *Homo* », *Nature*, 355, 783-790.

64. GROVES, C. P., et MAZAK, M., 1975, « An approach to the taxonomy of the Hominidae : gracile Villafranchian hominids of Africa », *Cas. Mineral. Geol.*, 20, 225.

65. ALEXEEV, V. P., 1986, *The Origin of Human Race*. Progress, Moscou.

66. LEAKEY, R. E. F., et WALKER, A., 1989, « Early *Homo erectus* from West Lake Turkana, Kenya », in *Hominidae*, G. Giacobini (éd.), Jaca Book, Milan, 209-215.

67. LEAKEY, L. S. B., 1961, « New finds at Olduvai gorge », *Nature*, 189, 649-650.

68. ARAMBOURG, C., et HOFFSTETTER, R., 1963, « Le gisement de Ternifine », *Archives Int. Pal. humaine*, 32.

69. HAECKEL, E., 1877, *L'Anthropogénie ou Histoire de l'évolution humaine*. Trad. C. Letourneau. Reinwald & Cie, Paris.

70. DUBOIS, E., 1896, « On *Pithecanthropus erectus* : a transitional form between Man and the Apes », *Sc. Trans. Roy. Dublin Soc.*, 2 (6), 1-18.

71. SARTONO, S., 1982, « Characteristics and chronology of early men in Java », *Premier Congrès Int. Pal. Humaine*, 491-539.

72. SEMAH, F., 1982, « Chronostratigraphie et paléomagnétisme du Plio-Pléistocène. Application à l'âge des sites à Pithécanthropes », *Premier Congrès Int. Pal. Humaine*, 542-558.

73. WOO, J. K., 1980, *Atlas of Primitive Man in China*. Pékin Science Press, 174 p.

74. LUMLEY, M. A. de, 1973, « Anténéandertaliens et néandertaliens du Bassin méditerranéen occidental européen », *Études Quaternaires*, Univ. Provence, Marseille, 2, 626 p.

75. HEIM, J.-L., 1982, « Les Hommes fossiles de La Ferrassie ». *Archives Inst. Pal. humaine*, 35, 331 p.

76. HEIM, J.-L., 1986, « Les hommes de Néandertal », in *L'Homme, son évolution, sa diversité*, D. Ferembach, C. Susanne & M.C. Chamla (éds.), CNRS & Doin, Paris, 201-216.

77. VANDERMEERSCH, B., 1985, « Neanderthal man and the origins of Modern man », in *Homo*, « *Journey to the Origins of Man's History* », *Cataloghi Marsilio*, 95-102.

78. LEVEQUE, F., et VANDERMEERSCH, B., 1980, « Découverte de restes humains dans un niveau castelperronien à Saint-Césaire (Charente-maritime) », *Comptes Rendus Ac. Sc. Paris*, 291 (D), 187-189.

79. TRINKAUS, E., 1983, *The Shanidar Neandertals*. Academic Press.

80. VALLADAS, H., JORON, J. L., VALLADAS, G., ARENSBURG, B., BAR YOSEF, O., COHEN-BELFER, A., GOLDBERD, P., LAVILLE, H., MEIGNEN, L., RAK, Y., TCHERNOV, E., TILLIER, A. M., et VANDERMEERSCH, B., 1987, « Thermoluminescence dates for the Neandertal burial site at Kebara in Israel », *Nature*, 330, 159-160.

81. CAVALLI-SFORZA, L. L., et EDWARDS, A. W. F., 1963, « Analysis of Human Evolution », in *Genetics Today*, Geerts (éd.). *Proceed. of the XI int. Cong. of Genetics. The Hague, The Netherlands*, 2, 923-933.

82. CAVALLI-SFORZA, L. L., 1989, « The last 100 000 years of human evolution : the vantage points of genetics and archeology », in *Hominidae*, G. Giacobini (éd.), *Proceed. of the 2nd Int. Cong. of Human Paleontology,* Jaca Book, Milan, 401-413.

83. CAVALLI-SFORZA, L. L., 1992, « Des gènes, des peuples, des langues », *Pour la science*, 171, 26-33.

84. CAVALLI-SFORZA, L. L., PIAZZA, A., MENOZZI, P., et MOUNTAIN, J. L., 1988, « Reconstruction of human evolution : bringing together genetic, archeological and linguistic data », *Proceed. of Nat. Ac. Sc.*, 85 (16), 6002-6006.

85. CANN, R. L., STONEKING, M., et WILSON, A. C., 1987, « Mitochondrial DNA and human evolution », *Nature*, 325, 31-37.

86. LUCOTTE, G., 1990, *Introduction à l'anthropologie moléculaire. « Ève était noire »*. Lavoisier, Tec. & Doc., Paris, 108 p.

87. VIGILANT, L., STONEKING, M., HARPENDING, H., HAWKES, K., et WILSON, A. C., 1991, « African Populations and the Evolution of Human Mitochondrial DNA », *Science*, 253, 1503-1507.

88. HEDGES, S. B., KUMAR, S., TAMURA, K., et STONEKING, M., 1991, « Human origin and analysis of mitochondrial DNA sequences », *Science*, 737-739.

89. LANGANEY, A., 1988, *Les Hommes. Passé, Présent, Conditionnel.* A. Colin, Paris, 252 p.

90. SANCHEZ-MAZAS, A., et LANGANEY, A., 1988, « Common genetic pools between human populations », in *Genetics and History of Sub-saharan Africa,* L. Escoffier *et al.* (éds.). *Human Genetics*, 1.

91. VANDERMEERSCH, B., 1989, « L'origine de l'homme moderne : le point de vue du paléoanthropologue », in *Hominidae*, G. Giacobini

(éd.). *Proceed. of the 2nd Int. Cong. of Human Paleontology,* Jaca Book, Milan, 415-421.

92. THOMA, A., 1985, *Éléments de paléoanthropologie*. Louvain-La-Neuve, 229 p.

93. COON, C. S., 1962, *The Origin of Races*. Knopf, New York, 724 p.

94. LARNACH, S. L., et MAC INTOSH, N. W. G., 1976, « A comparative study of Solo and Australian Aboriginal crania », in *The Man and his Work*, A.P. Elkin, N.W.G. Mac Intosh and G.E. Smith (éds.). Sydney Univ., 95-102.

95. WOLPOFF, M. H., XIN ZHI, W., et THORNE, A. G., 1984, « Modern *Homo sapiens* origins : a general theory of hominid evolution involving the fossil evidence from East Asia », in *The Origins of Modern Humans : A World Survey of the Fossil Evidence*, A.R. Liss (éd.), New York, 411-483.

96. STRINGER, C. B., 1989, « Neanderthals, their contemporaries and modern human origins », in *Hominidae*, G. Giacobini (éd.). *Proceed. of the 2nd Int. Cong. of Human Paleontology*, Jaca Book, Milan, 351-355.

98. LEWONTIN, R., 1984, *La Diversité des hommes. L'inné, l'acquis et la génétique*. Belin, Paris, 179 p.

99. JACQUARD, A., 1978, *Éloge de la différence*. Le Seuil, Paris, 194 p.

100. GOULD, S. J., 1983, *La Mal-mesure de l'homme*. Ramsay, Paris, 397 p.

101. MAYR, E., et PROVINE, W., 1980, *The Evolutionary Synthesis, Perspectives on the Unification of Biology*. Harvard Univ. Press, Cambridge. 487 p.

102. GRASSE, P. P., 1978, *Biologie moléculaire, mutagenèse et évolution*. Masson, Paris, 117 p.

103. HAECKEL, E., 1898, *Natürliche Schöpfungs Geschichte*. G. Reimer, Berlin.

104. GARSTANG, W., 1922, « The theory of recapitulation : a critical restatement of the Biogenetic law », *Journ. Linn. Soc. Zool. London*, 35, 81-101.

105. DEVILLERS, C., et CHALINE, J., 1993, *Evolution, An Evolving Theory*. Springer Verlag, Berlin, Londres, New York, 251 p.

106. GOULD, S.J., 1977, *Ontogeny and Phylogeny*. Harvard Univ. Press. Cambridge, 501 p.

107. JACOB, F., 1977, « Evolution and tinkering », *Science*, 19, 1161-1166.

108. ALBERCH, P., GOULD, S. J., G. OSTER, G., et WAKE, D. B., 1979, « Size and shape in ontogeny and phylogeny », *Paleobiology*, 5, 196-317.

109. DOMMERGUES, J.-L., DAVID, B., et MARCHAND, D., 1986, « Les relations ontogenèse-phylogenèse : applications paléontologiques », *Géobios*, 19 (3), 335-382.

110. NAMARA, K. J. Mac, 1988, « A guide to the nomenclature of heterochrony », *Journ. Paleont.*, 60, 4-13.

111. DEVILLERS, C., CHALINE, J., et LAURIN, B., 1989, « Plaidoyer pour une embryologie évolutive », *La Recherche*, 21, 802-809.

112. RAFF, R. A., et KAUFMAN, T. C., 1983, *Embryos, Genes and Evolution*. MacMillan Pub. and C°, New York, 395 p.

113. DUMERIL, A., 1867, « Métamorphoses des batraciens urodèles à branchies extérieures du Mexique dits axolotls, observés à la ménagerie des reptiles du Muséum d'histoire naturelle », *Ann. Sc. Nat. Zool.*, 7, 229-254.

114. KOLLMAN, J., 1885, « Das Ueberwintern von Europäischen Frosch- und Triton-larven und die Umwandung des mexikanischen Axolotl », *Verh. Naturf. Ges. Basel*, 7, 387-398.

115. DEVAUX, E., 1921, « L'infantilisme de l'Homme par rapport aux Anthropoïdes et ses conséquences », *Revue générale des sciences*.

116. BOLK, L., 1926, « Le problème de l'anthropogenèse », *Comptes Rendus Ass. Anat.*, 1, 80-92.

117. DECHAMBRE, E., 1948-1949, « L'évolution des primates et la théorie de la fœtalisation », *Mammalia*, 12, 27-41 et 13, 100-117.

118. LEROI-GOURHAN, A., 1983, *Mécanique vivante*. Fayard, Paris, 261 p.

119. DELATTRE, A., 1952, « Évolution et forme du crâne humain », *Revue scientifique*, 33, 18-23.

120. DELATTRE, A., et FENART, R., 1953, « Méthode vestibulaire et craniométrie », *Bull. Soc. Anthr. Paris*, 4 (10), 543-552.

121. DELATTRE, A., 1958, « La formation du crâne », in *Le Processus de l'hominisation*, H. Vallois (éd.), CNRS, Paris, 37-57.

122. DAMBRICOURT-MALASSE, A., 1988, « Hominisation et fœtalisation (Bolk, 1926) », *Comptes Rendus Ac. Sc. Paris*, 307 (D), 199-204.

123. DAMBRICOURT-MALASSE, A., 1991, « Une nouvelle loi de croissance

cranio-faciale et ses importantes conséquences d'*Australopithecus* à l'*Homo sapiens* du XXe siècle », *XIIe Congrès de l'Union Int. de Pré- et Protohistoire*, Bratislava. Résumé.

124. DAMBRICOURT-MALASSE, A., 1992, « Droit de réponse », *Revue d'Orthopédie dento-faciale*, 26 (1), 71-79.

125. DESHAYES, M. J., et DAMBRICOURT-MALASSE, A., 1990, « Analyse des différents types architecturaux cranio-faciaux par l'approche ontogénique de l'hominisation », *Rev. Stomatol. Chir. maxillofaciale*, 91 (4), 249-3258.

126. DESHAYES, M. J., 1991, « Reconsidération de la croissance cranio-faciale au cours du développement et de l'évolution. Conséquences en orthopédie dento-maxillo-faciale », *Revue d'Orthopédie dento-faciale*, 25 (3), 353-365.

127. LAZAR, P., 1986, « La naissance prématurée, un lien entre la station debout et le volume crânien », *L'Anthropologie*, 90 (3), 439-445.

128. ABBIE, A. A., 1958, « Timing in human evolution », *Proceed. Linn. Soc. New South Wales*, 83, 197-213.

129. BERGE, C., ORBAN-SEGEBARTH, R., et SCHMID, P., 1984, « Obstetrical interpretation of the Australopithecine pelvic cavity », *Journ. Human Evolution*, 13, 573-587.

130. GOLDSCHMIDT, R., 1940, *The Material Basis of Evolution*. Yale University Press, New Haven.

131. BRETON, R., 1976, *Géographie des langues*. « Que sais-je ? », PUF, Paris, 1648, 128 p.

132. LAITMAN, J. T., 1986, « L'origine du langage articulé », *La Recherche*, 181, 1164-1173.

133. GARDNER, R. A., et GARDNER, B., 1969, « Teaching sign-language to a chimpanzee », *Science*, 165, 664-672.

134. LINDEN, E., 1979, *Ces singes qui parlent*. Seuil, Paris, 317 p.

135. PREMACK, D., 1971, « Language in the chimpanzee ? », *Science*, 172, 808-822.

136. MAGRANER, J., et DAMBRICOURT-MALASSE, A., 1992, « Oral statements concerning living unknown hominids : analysis and criticism ; implications for language origins », *Language Origins Society*, Cambridge, Great Britain. Abstracts, 22-23.

137. HOURS, F., 1987, « L'outil révélateur de l'homme », in *L'Homme*

dans l'évolution de l'univers, J. Chaline (éd.). Dossiers Histoire et Archéologie, Dijon, 114, 48-51.

138. GOODALL, J., 1971, *Les Chimpanzés et moi*. Stock, Paris, 316 p.

139. VAUCLAIR, J., 1992, *L'Intelligence de l'animal*. Seuil, Paris, 247 p.

140. BORDES, F., 1968, *Le Paléolithique dans le monde*. Hachette, Paris, 256 p.

141. MOHEN, J.-P., 1989, *Le Temps de la Préhistoire*. Société préhistorique de France, Éd. Archéologia, Dijon, 1-2.

142. BREZILON, M., 1968, « La dénomination des objets de pierre taillée. Matériaux pour un vocabulaire des préhistoriens de langue française », *IVe supplément à Gallia Préhistoire*, CNRS, Paris, 425 p.

143. BOUCHER DE PERTHES, J., 1847-1860, *Antiquités celtiques et antédiluviennes. Mémoire sur l'industrie primitive et les arts à leur origine*. Paris, 3 vol.

144. CHAVAILLON, J., 1985, « Les premiers habitats d'Éthiopie », *La Recherche*, 16, 444-451.

145. TUFFREAU, A., 1989, « Le Paléolithique moyen de la France septentrionale », in *Le Temps de la Préhistoire*, J.-P. Mohen (éd.). Société préhistorique de France, Éd. Archéologia, Dijon, 2, 246-247.

146. BEYRIES, S., 1988, « Functional variability of lithic sets in the Middle Paleolithic », in *Upper Pleistocene Prehistory of Western Eurasia*, H.L. Dibble et A. Montet-White (éds.). Univ. Mus. Symposium series, 1, 212-223.

147. LEVEQUE, F., 1989, « Les débuts du Paléolithique supérieur en Poitou-Charentes », in *Le Temps de la Préhistoire*, J.-P. Mohen (éd.). Société préhistorique de France, Éd. Archéologia, Dijon, 2, 264-267.

148. RIGAUD, J.-P., 1989, « Le Paléolithique supérieur ancien en Aquitaine », in *Le Temps de la Préhistoire*, J.-P. Mohen (éd.). Société préhistorique de France, Éd. Archéologia, Dijon, 2, 269-273.

149. HOURS, F., 1982, *Les Civilisations du Paléolithique*. « Que sais-je ? », PUF, Paris, 128 p.

150. DE SONNEVILLE-BORDES, D., 1973, « Le Paléolithique supérieur (environ 33 000 à 10 000 av. J.-C.) », in *La France de la Préhistoire*, S. Piggott, G. Daniel, C. McBurney (éds.), Taillandier, Paris, 30-59.

151. ESCALON DE FONTON, M., 1973, « *Le Mésolithique : de 10 000 à 4 000 av. J.-C.* », in *La France de la Préhistoire*, S. Piggott, G. Daniel, C. McBurney (éds.), Taillandier, Paris, 60-99.

152. CAMPS, G., 1979, *Manuel de recherche préhistorique*. Doin, Paris, 447 p.

153. MARGALIT, B., 1983, « The "Neolithic connexion" of the Ugarit poem of Aqht », *Paléorient*, 9 (2), 93-98.

154. MESSADIE, G., 1988, *Les Grandes Inventions de l'humanité*. Bordas, Paris, 256 p.

155. MESSADIE, G., 1989, *Les Grandes Inventions du monde moderne*. Bordas, Paris, 256 p.

156. ZAMIATINE, S., 1934, *La Station aurignacienne de Gagarino*. Moscou-Leningrad, 85 p.

157. CERNYS, A. P., 1954, *Recherches sur le Paléolithique du Dniestr*. KSIIMK., 56, 128 p.

158. LEROI-GOURHAN, A., et BREZILLON, M., 1966, « L'habitation magdalénienne n°1 de Pincevent près Montereau (Seine-et-Marne) », *Gallia Préhistoire*, 9 (2), 263-385.

159. CHALINE, J., 1972, « Les rongeurs du Pléistocène moyen et supérieur de France », *Cahiers de Paléontologie,* CNRS, Paris, 410 p.

160. WEINBERG, A., 1993, « L'origine culturelle de l'humanité », *Sciences humaines*, 31,16-19.

161. PERLES, C., 1989, « L'apparition du feu », in *Le Temps de la Préhistoire*, J.P. Mohen (éd.). Société préhistorique de France, Éd. Archéologia, Dijon, 2, 110-112.

162. CHILDE, V.G., 1947, *The Dawn of European Civilization*. Kegan, Trench & Trubner, Londres.

163. SHERRATT, A., (éd.), 1981, *Encyclopédie d'Archéologie de Cambridge*. Fanal, Paris, 494 p.

164. CHALINE, J., 1985, *Histoire de l'homme et des climats au Quaternaire*. Doin, Paris, 366 p.

165. HOURS, F., 1985, « Des chasseurs-cueilleurs à l'urbanisation dans le Proche-Orient », in *Mémoire de l'Humanité : du Néolithique à la Bible*, *Cahiers de l'Inst. Catholique de Lyon*, 17, 7-24.

166. ROSET, J.-P., 1983, « Les plus vieilles céramiques du Sahara », *Archéologia*, 183, 43-50.

167. TINTANT, H., 1987, « Originalité de l'homme », in *L'Homme dans l'évolution de l'univers*, J. Chaline (éd.). Dossiers Histoire et Archéologie, Dijon,114, 71-73.

168. BERGER, A., 1992, *Le Climat de la Terre. Un passé pour quel avenir ?* De Boeck Université, Bruxelles, 479 p.

169. VANDERMEERSCH, B., 1989, « Les sépultures néandertaliennes », in *Le Temps de la Préhistoire*, J.-P. Mohen (éd.). Société préhistorique de France, Éd. Archéologia, Dijon, 2, 228-231.

170. BOUYSSONIE, A., BOUYSSONIE, J., et L. BARDON, L., 1909, « Découverte d'un squelette humain moustérien à la Bouffia de La Chapelle-aux-Saints (Corrèze) », *L'Anthropologie*, 19.

171. CAPITAN, L., et PEYRONY, D., 1909, « Deux squelettes humains au milieu de foyers de l'époque moustérienne », *Rev. École d'Anthropol.*, Paris, 19, 402-409.

172. VANDERMEERSCH, B., 1987, « Sépulture et cannibalisme », in *L'Homme dans l'évolution de l'univers*, J. Chaline (éd.). Dossiers Histoire et Archéologie, Dijon, 114, 56-59.

173. SERGI, S., 1939, « Il cranio neandertaliano del Monte Circeo », *Rendiconti R. Acccad. Naz. Lincei, Sci. Fis. Mat. Nat.*, 29, 672.

174. VIALOU, D., 1987, « Art préhistorique et abstraction », in *L'Homme dans l'évolution de l'univers*, J. Chaline (éd.). Dossiers Histoire et Archéologie, Dijon, 114, 60-65.

175. LEROI-GOURHAN, Ar., et ALLAIN, J., 1979, « Lascaux inconnu », *XII*e *suppl. Gallia-Préhistoire,* CNRS, Paris, 381 p.

176. VIALOU, D., 1989, « L'art pariétal magdalénien », in *Le Temps de la Préhistoire*, J.P. Mohen (éd.). Société préhistorique de France, Éd. Archéologia, Dijon, 2, 180-183.

177. PALES, L., et TASSIN DE SAINT PEREUSE, M., 1976, *Les Gravures de la Marche. II. Les Humains*. Ophrys, Gap, 178 p.

178. CLOT, A., 1973, *L'Art graphique préhistorique des Hautes-Pyrénées*. Éd. P.G.P. Morlaas, 161 p.

179. VIALOU, D., 1989, « L'art des grottes en Ariège magdalénienne ». *XXII*e *suppl. Gallia-Préhistoire,* CNRS, Paris, 422 p.

180. DELPORTE, H., 1989, « L'homme et son image », in *Le Temps de la Préhistoire*, J.P. Mohen (éd.). Société préhistorique de France, Éd. Archéologia, Dijon, 2, 152-156.

181. LAMING-EMPERAIRE, A., 1962, *La Signification de l'art rupestre paléolithique*. Picard, Paris, 424 p.

182. LEROI-GOURHAN, A., 1965, *Préhistoire de l'art occidental*. Mazenod, Paris, 502 p.

183. LEROI-GOURHAN, A., 1955, *Les Religions de la Préhistoire*. PUF, Paris, 155 p.

184. GOODALL, J., 1979, « Life and death at Gombe », *National Geographic*, 155 (5), 592-621.

185. LORENTZ, K., 1969, *L'Agression. Une histoire naturelle du mal*. Flammarion, Paris, 326 p.

186. KARLI, P., 1987, *L'Homme agressif*. Odile Jacob, Paris, 389 p.

187. SCOTT, P., 1986, « The biological basis of warfare », *Rapport présenté au Colloque Psychobiologie de la paix. Séville*.

188. BOUTHOUL, G., et CARRERE, R., 1876, *Le Défi de la guerre (1740-1974)*. PUF, Paris, 224 p.

189. UTLEY, R. M., et WASHBURN, W. E., 1992, *Guerres indiennes. Du Mayflower à Wounded Knee*. Albin Michel, Paris, 274 p.

190. Organisation des Nations unies, 1948, *Déclaration universelle des droits de l'homme*.

191. MASSET, C., 1989, « La démographie préhistorique », in *Le Temps de la Préhistoire*, J.P. Mohen (éd.). Société préhistorique de France, Éd. Archéologia, Dijon, 2, 30-32.

192. LUMLEY, M. A. de, 1962, « Les lésions osseuses de l'homme de Castellar (A.M.) », *Bull. Mus. Anthropologie. Préhist. Monaco*, 9, 191-205.

193. DASTUGUE, J., 1973, « Les crânes trépanés de la vallée du Petit-Morin (collection de Baye) », *Bull. et Mém. Soc. Anthropologie, Paris*, 10 (XII), 249-263.

195. IKEDA, D., et PECCEI, A., 1986, *Cri d'alarme pour le XXIe siècle*. PUF, Paris, 203 p.

Table

DEUXIÈME PARTIE

LE SURDOUÉ DE LA FAMILLE

RÉALISATION : ATELIER GRAPHIQUE DES ÉDITIONS DE SEPTEMBRE, PARIS
IMPRIMERIE HÉRISSEY À ÉVREUX (EURE)
DÉPÔT LÉGAL AVRIL 1994. N° 21022 (64601)